The Body Neutral Journey

I Am More Than My Body
Bethany C. Meyers

我比
我的身体更重要

身体中立的探索之旅

〔加〕贝瑟尼·C. 梅耶斯 著 风 君 译

贵州出版集团
贵州人民出版社

献给未来：今天的青年、明天的孩子，以及未来的一代又一代人，愿你们治愈先辈的创伤，愿你们珍视内涵胜于外表，愿你们得到接纳与尊重，对自己，也对他人。

献给我的母亲、我的侄女们，以及尚在我腹中的女儿；献给在天上注视着我的父亲、在身边给我坚实怀抱的伴侣，以及我仍在翘首以盼的未来的孩子们；献给与我分享过身体体验、毅力和内心的每一位客户，你们是我毕生的灵感和不变的动力。

目录

作者按 / i

前　言　旅程自此而始 / iii

第1章　什么是"身体中立" / 001

第2章　无处不在的身体偏见 / 035

第3章　自有理由的叛逆 / 057

第4章　童年故事 / 081

第5章　运动中立 / 105

第6章　顺其自然 / 145

结　语　我们真的能达到那个境界吗 / 171

附　录　身体中立工具箱 / 179

致　谢 / 197

作者按

书中直接接受采访的每个人都已告知我,他们希望以何种方式表明身份,相关引述也得到了他们的同意。因此,书中如有任何理念不一致之处,都反映了那些慷慨与我分享他们故事的人的独特视角。本书邀请了不同种族、体态、体形、能力、性别和宗教信仰的人参与进来、表达观点,书中用以描述身份的语言都经过了这些群体内部人员的审阅,希望阅读体验尽可能地体现包容和理解。

前 言

旅程自此而始

小时候,我会如虔诚信徒般守在电视机前收看"尼克儿童晚间频道"(Nick at Nite)①。我特别喜欢其中播出的《家有仙妻》(*Bewitched*)和《太空仙女恋》(*I Dream of Jeannie*)。这两部20世纪60年代中期的情景喜剧中的主角都是魅力四射的魔法师。我记得当时我坚信自己也有超能力,只是还没学会自己的"招牌动作"。前一部剧中的女巫伊莎贝拉会通过耸鼻子施放魔法,而后一部剧里的珍妮则会抱起双臂并眨眼来获得她的精灵天赋,所

---

① 是美国有线电视中定位于儿童及青少年观众的尼克国际儿童频道(Nickelodeon)的夜间板块,主要在黄金时段和午夜时间播出经典电视情景喜剧。——译者注

以我需要做的就是找到我自己的魔法动作。那时，我会坐在卧室里许愿，然后尝试把转舌头、点头和敲击手指之类动作组合起来，希望能以此释放某种神奇的力量。如果你恰巧撞见这一幕，我敢肯定那场面会很滑稽。当然，我没有开发出自己的魔法动作，现实毕竟不是情景剧。就像所有人一样，我在生活中也不得不为自己所企盼的目标去追求、努力、筹划，其中有些实现了，有些却没有。我们想要的东西不会因为一个魔法就从天而降，相反，它们需要我们有意付出努力并加以实践，但这些付出最终都是值得的——这一点让我在此刻所联想到的，正是我们即将一起踏上的身体中立之旅。

"身体中立"（body neutrality）的理念可简单概括如下：我们不仅仅是我们所寓居的身体，我们的价值也不局限于我们的身体存在。这种实践强调，尽管我们在任何一天都可能对自己的身体有不同的感受——或爱或恨，或是介于这两者之间的一切感受——但我们始终都应尊重自己的身体。当我最初接触身体中立理念的时候，我记得自己曾不止一次地试图毕其功于一役，一心只想着达成这一既定目标，然后骄傲地宣布："我已经达到了这一境界，这就是已经实现身体中立的我！"但实际的进展并非如此。有些日子里，我对自己身体的感觉很糟糕，以往受困于饮食失调时的消极心态会悄悄死灰复燃，对身体的羞耻感占据了上风。也有些日子里，我会假装很爱自己的身体，但那感觉也很空虚，就像我在用谎言掩盖羞耻感。然后，还有一些日子，我会不经意间达成中立的状态，既没有沉浸于深切的爱，也没有感到深深的羞愧，而是在优先考虑情感自我的同时，对身体自我也能温柔以待。有时这让我感到解脱，有时又让我感到尤为不满足。我在这里要告诉大家的是，这两种感觉，以及介于两者之间的任何感觉都不是问题！

也许你希望读完这本书，就能找到快速接纳自己身体的方法。也许你正在寻找一种不费吹灰之力就能解决你所面临的所有问题的万全之策。可事实上，本书主旨并不在此，而且你应该警惕任何告诉你"只要按照某种方式去做，就能让所有问题迎刃而解"的人。这本书不会像健身公司推销新年特惠，或是健康食品供应商推出花哨的超级食品时那样夸下海口。它不是唯一的答案，不是不变的真理，不是万全之策，也不是什么人生必备。我希望，它是一本指导你如何运用一套新技能的指南，而这套技能可能会对你有所助益。我并不是说，这本书中所蕴含的观点不足以对你的生活产生深远的影响。它们确实已给我的生活带来了翻天覆地的变化，但它们并不是万灵药。我希望大家能保持现实的期望：这不是一本生活窍门书，也不是速成的一站式解决方案。在这个充满偏见的世界里，践行身体中立绝不轻松。这是一趟漫长而艰难的旅程，需要为之付出时间。

这本书将为你提供清晰的思路，为你指明潜在的前进方向。它将解构你脑海中的许多叙事，揭开笼罩在我们所处世界之上的层层面纱，审视你与自己身体内外关系的基础。它将引入一个框架，帮助你管理和驾驭自身的一些感受，并提供许多切实的指导、可供思考的问题、中肯合理的建议，甚至在附录专门总结了有关"身体中立工具箱"的说明，以在这段旅程中为你提供支持。但身体中立的意义远不止于此——很多时候，它涉及一个灰色的空间，一个可能让人感到不适的中间地带。我保证，在你迈出这些重要步骤时，我会在你身边，与你携手同行。

作为一名健身教练，我开发了一种方法，旨在为运动创造一个具有包容性的空间，其建立在好奇心和尝试意愿的基础之上，不带评判色彩，也没有"成功"的绝对定义。我努力将这一理念带入本书，希望你在阅读本书时也能感受到这一点。在介绍实用建议时，我力求做到不带评判性。我还在书中提供了一系列专业人士的观点供你参考。我希望你能思考这些观点将如何适用于你自身，以及它们如何不适用于你；你对哪些观点好奇，同时又对哪些不好奇；在这本书中，我们的想法和信念在哪里彼此一致，在哪里有所不同。本书推崇独立思考！我鼓励你们做适合自己的事，而不仅仅是别人建议的事。这意味着你可能不会对书中所有内容照单全收，这没关系。你是你，我是我，我们在一起有很多东西可以取长补短，互相学习。我要说的是，你完全可以按照自己的节奏来阅读本书。本书涉及的问题中，有许多其实也横亘于我们每个人的内心深处，所以我希望你能让自己用一种宽松的心态与这些问题做斗争。

在我的课堂上，我也致力于为每个人提供实用的工具——无论我本人是否在身边，他们都能随时随地地加以运用。本书解释了各种概念和想法，但归根结底，它是一种实践：一种可以超脱于书本内容、应用到你的生活之中，并不断地加以改进的实践。虽然这种实践难免会有偏离轨道或有感觉失败的时候，但正所谓一技傍身，终身受用。一旦你的思维被打开，认识到与身体互动的新方式的可能性，就不会再倒退回从前的状态了。久而久之，即使你已经不再刻意练习，本书中介绍的框架也会变得更容易重新构建。身体中立是一段旅程，但我们不一定要线性前进，因为我们的最终目的是用一套新的技能武装自己。

现在，在我们继续深入讨论之前，我有必要强调一下，我是如何体验这个世界的——我所拥有的这副躯体，让我能够以一种几乎百无禁忌的方式被这个世界所接受和容纳，但这也是我唯一的体验方式。作为一个苗条的白人，我的身体与社会的互动以一种我永远无法完全理解的方式享有特权。我从未体验过精神寄寓于边缘化身体中的现实，也从未体验过被大众鄙视为"不值得拥有"的身体。虽然在自我发现的过程中认识到了自己"酷儿"（queer）[①] 身份认同的要素，但在许多情况下，我可以自行选择是否让世人以我的这种差异来评判我。

[①] 一种被不符合主流性别规范的性少数群体所使用的身份政治术语，原意为"怪诞、奇怪、(性)变态的"，在过去的英语语境中常被用来侮辱同性恋者、跨性别者等不符合主流性别规范的人群，具有歧视性。后被性少数群体用来表达对主流性别体制的抗拒和不满。性别认同为酷儿的人拒绝二元性别划分，在使用人称代词时，拒绝使用具有性别暗示的"他/她"，而多用"Ta/Ta们/他们"。——译者注

对于正在阅读这本书的某些读者而言，当你所生活的世界存在着如此多的偏见和制度性歧视时，你可能会觉得，"可以对自己的身体保持中立"这一想法永远无法实现。我不知道那是种什么感受，因为我没有经历过你所经历的。这也是我在前文中欢迎众多不同于我的声音的原因之一。这些发声者因为他们的身体、能力和身份，在这个世界上有着极其不同的经历，其中包括肥胖者、残障者、酷儿和有色人种。我最深切的希望是，这本书能够涵盖各式各样的身体，帮助人们打开一扇通往身体中立并尊重接纳所有人的大门。本书中展现的对话不仅仅是我的声音，也不仅仅是我采访过的人的声音，它们也是你们每个人的声音。

就在准备切入正题时，我不禁又想起了童年时代的另一段懵懂回忆。在我上幼儿园的第一天早上，老师告诉全班同学，我们要用一个特殊的鞋盒做个游戏。盒子经过了一番装饰，上面还被剪了一个洞，每个人都必须把手伸进盒子里，摸摸里面的东西，然后猜猜那是什么。当盒子递到我面前时，我却不敢把手伸进去。我非常害怕盒子里是我想象中的瘆人东西：黏糊糊的恶心事物，或者是会爬到我胳膊上的老鼠，或者是其他会伤害到我的什么玩意。班里的其他孩子都把手伸了进去，并给出了各自的答案，但我做不到。游戏结束后，老师打开了盒子，让大家看到里面其实是——棉花糖。软糯、甜美，而且完全无害。

尝试任何全新的未知事物都会让人感到畏惧，你可能会发现，对别人而言很容易接受的东西，却会让你感到恐惧莫名。直到今天，我仍害怕把手伸进任何我看不见的空间里。如果有东西卡在厨房水槽里，我几乎不敢把手伸进去把它拿出来。我们可以从"棉花糖课"中吸取教训，承认我们在探索未知时不必总是害怕，但尝试新事物仍然需要勇气。在身体中立方面，我也认识到了这一点。我认为，以某种方式放下对自己身体的执念，让它对你而言不再是最重要的存在，这有点令人心生不安。这种体验可能总是让人感到害怕，可能始终需要一些勇气，但也许到了最后，你所触到的不过是一小块柔软而蓬松的棉花糖罢了。

第 1 章
什么是"身体中立"

我们有时会喜爱自己的身体,
有时也会厌恶自己的身体。
但无论我们对镜中的自我有何感觉,
我们都要努力尊重自己的身体。

这一概念始于何处

我还记得自己第一次听到"身体中立"这个词时的情形。当时我正在为一个知名的健康网站撰写一篇文章,编辑给我发了一封邮件,问我是否可以把文中的"身体自爱"(body positivity)一词换成"身体中立"(body neutrality)。如果你继续阅读本书,自会明白这两种实践方式断然有别,但在当时,这还是我第一次听到"身体中立"这个说法,它让我一时间无所适从。这种感觉并不好——它让我抓狂。不,应该说让我怒火中烧!我觉得自己被背叛了：从饮食失调和身体畸形恐惧症的阴影中走出来后，我一直在努力形成对自己身体的积极自爱心态，而现在呢？难道我应该放弃积极心态，转而对此保持"中立"吗？我感觉这个陌生的标签正在贬损乃至批判我对身体自爱的正能量。

作为一个讨厌被刁难，但又喜欢挑战规则的人（典型的双子座），我给编辑回了一封措辞考究的电子邮件。信中洋溢着美国南方式的亲切优雅，暗地里却带着那么一丝"为你祝福"①的嘲讽意味。我在字里行间埋藏的潜台词基本上是在发问：到底为什么会有人想对自己的身体保持中立态度呢？在等待回复的过程中，我如同站在擂台上一般严阵以待，心想可能免不了一番你来我往的唇枪舌剑。对方的回应却让我大吃一惊，实际上甚至可说是直接把我击倒在地。时至今日，那封邮件中的一句话仍令我印象无比深刻：

> 这个理念（身体中立）超越了单纯的身体概念，也不拘泥于你所处的立场，这些都无所谓。你爱的

---

① 原文"bless your heart"。表面意义是祝福之语，在美国南方实则为贬损与嘲讽之意，意指对方太过愚笨，不可救药。——译者注

是作为一个人的自己，而不仅仅是一具躯壳。

"你爱的是作为一个人的自己，而不仅仅是一具躯壳。"这句话让我愕然，当场眼泪夺眶而出，原先充满敌意的对垒念头顿时冰消雪融。当时，仿佛有一束光从我头顶照下，令我醍醐灌顶，我发誓自己甚至听到了天使们开始吟唱哈利路亚（好吧，这可能有点夸张了）。我霎时间恍然大悟：原来"我"不仅仅意味着我的身体。

从此以后，我开始潜心钻研身体中立，有关于此的每一篇文章、每一个定义、每一个人的叙述都让我的内心感到愈发平静。于是我继续学习更多相关知识，与我身边的人谈论身体中立，而最重要的是，我开始将它应用到我的康复和日常生活中。在自我观察之下，我开始找到自己的中立区，远离身体羞耻（body shame）和有毒自爱（toxic positivity）的极端心态。

对我来说，找到身体中立伴随着一种难以置信的解脱感，这是我以前从未体验过的。老实说，我至今还在追寻和求索的路上，因为如果将"身体中立"比作这段旅途的目的地，那它并不是一个到达之后就能得到一个幸福大结局的地方，而是一个每次你前往都会带回一份纪念品，好让你铭记这段经历的地方。你去的次数越多，日后再去那里就越容易。

当你读到此处，想必忍不住发问：那身体中立到底是什么呢？它是那位编辑最初建议的，对"身体自爱"的替代词吗？还是与此完全不同的东西？我明白"身体自爱"和"身体中立"为何在大家看来会彼此混淆，因为它们有着相似的意图——都旨在让我们实现自我接纳。这本身是好事。一言以蔽之，我想说身体中立是一种让我们远离自我憎恨，同时又让我们免于承受"必须爱"我们身体所带来的压力的实践方式。在保持中立的过程中，我们有时会喜爱自己的身体，有时也会厌恶自己的身体。但无论我们对镜中的自我有何感觉，我们都要努力尊重自己的身体。

身体中立并不是说你不应该对你的身体有任何好恶感觉，也不是说你永远不应该考虑你的身体，更不是说你的身体无关紧要。它说的是，你的身体并不能决定你的价值。你不仅仅是一具躯壳，你作为一个人的价值远远超越了你的外表。

对有些人来说，这听起来可能不过是常识，不足为奇。但对我们许多人来说，事实则是，接纳这点需要在观念和行为上实现革命性的转变。这是为何？原因颇多——我们将在本书中讨论和探索涉及的众多因素，其中最主要的是一种二元对立观。只消看看我们当前的社会是如何谈论身体的，你就可以清楚地看到人们的观念如何像钟摆一般在两极间来回摇摆，这两个极端分别是：身体羞耻和有毒自爱。

第一个极端：身体羞耻

位于这个钟摆一极的是身体羞耻。节食文化在很大程度上成了这种羞耻感的帮凶。这是一套毒如蛇蝎的信仰，崇尚排他性的身体和审美标准——平坦的腹部、修长的双腿、挺翘的臀部、丰满的嘴唇、光可鉴人的秀发、光洁白皙的皮肤。如果一个人无法达到这些通常情况下遥不可及的身体目标，就会被指责为一无是处。节食文化的极端表现是形成一种社会共识，认为你的外表和体形比你的任何其他部分都重要，比你的个性或品格、成就或贡献都重要。是的，甚至比你的健康更重要。但它也可能以更不易察觉、更针对个人的方式发挥作用，对你的自尊和自我价值观产生负面影响。对某些人来说，它就是在你脑海中的低语，那个悄悄地说着"你还不够好，除非你拥有'完美'身材"的声音。

更糟糕的是，这种美丽的标准还在不断流变之中。在某些时代，人们认为拥有曲线优美的臀部和纤细的小蛮腰是理想身材。十年后，翘臀被淘汰，瘦臀开始大行其道。然后，丰胸又卷土重来。可我们不是充气娃娃，所以很难每十年就拥有一个全新的体形。在我写下这段文字的时候，现今的"完美身材"好似是由从不同体形的人身上切割下来的身体部位拼接组合而成的。除非借助代价不菲的整形手术，否则这种体形对绝大多数人来说都是不切实际的。"我进行过三次减肥，第一次是在 11 岁的时候，当时必须得到医生的批准，"活动家、饮食失调线上护理团队 Equip Health 的身体形象项目经理艾丽·杜瓦尔（Ally Duvall）回忆说，"我尝试了每一种流行的饮食法，用各种可能的方式限制和惩罚自己的食欲。但我从来没有达成任何结果。当我的体重没有急剧下降时，我总是会自责不已，这最终使我陷入了越来越严重的饮食失调。我真的差点饿死自己，但更糟的是，让自己的生命陷入了匮乏。"

虽然身材标准的细节可能会发生变化，但在西方世界或在受西方媒体影响的社会中，不变的是人们对瘦的推崇，而许多人只有通过节食和频繁锻炼才能实现瘦身。而且，这种趋势从人们小时候就开始显现了。如今，年仅3岁的女孩就表现出对苗条的偏爱；针对1~4年级学生的抽样调查显示，41%的人希望自己更瘦。

"节食文化主宰了我生命中的绝大部分时间，"身体自信倡导者、《你不是"使用前"的对比照片》（*You Are Not a Before Picture*）的作者亚历克莎·莱特（Alex Light）告诉我，"可能从我注意自己身体的那一刻起，我就开始意识到它并不像它应该有的样子。从很小的时候起，我的身材就不符合那些加诸我身上的理想或标准。我从11岁左右开始节食，在接下来的13年里，我从一种节食方法转到另一种，反复折腾。我对节食文化所散播的迷思深信不疑，认为只有瘦下来，我才是可爱的、有魅力的、有价值的和成功的。"

在新型冠状病毒疫情期间，我对童年的一切——童年的食物、童年的电影、童年的电视节目——都产生了强烈的怀念。我开始观看21世纪初的电影，这些电影曾是我十几岁时的必看经典。我发现，这些影片对饮食失调加以美化的程度简直令人震惊。从关于厌食症和饮食失调的特定笑话，到对减肥行为的拍手称赞，不一而足。难怪那时我觉得不吃饭很酷。更别提当时每部流行电影中都不会缺席的，那些瘦得像竹竿一样的女演员了。

这些信息不仅堂而皇之地通过各种传统媒介和数字媒体将我们淹没其中，也通过医院、医疗机构、学校和公共卫生机构，以潜移默化的方式渗入我们的思想。碳水化合物是坏东西，脂肪是坏东西，蛋白质是好东西，但只有在与低脂肪食物来源结合的情况下才会如此；间歇性进食、隔夜禁食、下午5点后禁食，各种层出不穷的禁食法让人甚至怀疑到底还有没有"正确"的进食时间。还有不要吃早餐。什么？你不敢不吃早餐？那就试试柠檬水，喝蛋白质奶昔，还要戒掉所有的糖；你该每天跑步，但跑步对你的关节有害；那就散步，但这不是真正的锻炼；你该举重，但别练成个大块头；你该做深蹲，这能让屁股变大，但注意不要让你的大腿变粗；每天走上10000步，否则……哎呀，7000步已经足够了；咖啡不好，咖啡很好；巧克力是坏的，巧克力是好的。等下！准确地说，只有牛奶巧克力是坏的。不要喝牛奶，应该喝豆浆……开个玩笑，我们说的是杏仁奶。呃，实际上是燕麦牛奶……

节食文化就像成百上千条相互矛盾的信息同时向你

袭来，发展到极致时，无论是进食还是运动，都充满了焦虑和希冀，以至于我们都忘了如何轻松地做这两件事。而人类自古以来一直都是凭直觉在吃饭和运动。我们生来就有这些本能。

节食文化的影响也可以是悄无声息的。像许多家庭一样，我们家的女性习惯于对自己的身体感到羞耻，虽然这种羞耻感从未宣之于众，但始终隐约可见。我的祖母、妈妈和阿姨们会定期讨论什么甜点是她们不该碰的，或者在穿上泳衣之前需要减掉多少体重。"瘦得快"（SlimFast）代餐奶昔和其他20世纪90年代的饮食产品侵入了我的家庭，被视为符合道德的人工制品，并彰显出我们是一个注重健康的家庭。但我们所不知道的是，这些产品中大部分都含有有害、无益的化学物质。

为什么减肥不是解决之道？

节食文化的核心是一个谎言。我们被告知，只要有足够的意志力来坚持节食，体重就会减轻，所有的烦恼都会消失。我们会幸福快乐、接纳自我、找到真爱、结交更多朋友、数学成绩优秀，连装杂物的抽屉也能变得井井有条，甚至还能登上珠穆朗玛峰！好吧，也许这些允诺有点太多了，但你应该明白：减肥确实允诺了我们许多。只要我们能降到某个体重或穿上某条牛仔裤，我们就能与自己的身体和平相处。但这种情况鲜少发生。这可能是因为理想身材的标准改变了，你努力追求的瘦臀细腿突然过时了。或者是因为，你为了保持身材而做出的牺牲反而阻碍了你找到生活的乐趣。又或者，可能是因为别人根本就不像你想象的那样在乎你的身材。

身体形象倡导者、《永远丰腴》(*Fattily Ever After*)一书的作者斯蒂芬妮·耶博阿（Stephanie Yeboah）与我分享了一段经历，以凸显所有这些承诺的空洞。她说："22岁那年，我进行了一次危险的禁食减肥，在四个月的时间里减掉了4英石（约56磅[①]）。我曾想过，如果我变苗条了，就会得到男生的关注，人们会对我另眼相看，我再也不会被欺负，一切都会很完美。当时我马上就要过生日了，我想去海边度假，但要想拥有'比基尼身材'，我就必须达到相应的体重。我想象着自己瘦下来后，人们会为我驻足，对我行注目礼，会有人和我搭讪调情。但这一切都没有发生。我走在巴塞罗那的海滩上，没有人看我一眼。

---

① 1磅 ≈ 454克。——编者注

为了得到别人的肯定,我把自己弄得羸弱不堪,却没有得到哪怕一丁点儿关注。那一刻我意识到,我需要学会爱自己,爱自己的身体。我已经厌倦了总是因为我的身体感到抱歉,而不是为我的身体所承受的一切而向它道歉。"

有时,为了减肥,我们似乎可以不惜一切代价。我曾听人说过"伤心减肥法",它是经历艰难分手后的一点附带变化。那接下来呢?裁员减肥法?悲痛减肥法?流感减肥法?哦,等等——这些其实是一回事。在我们的生活中,有很多时候我们的身体状况会出现波动,体重可能会增加或减轻,其中有一些与创伤和危机有关。如果连这些经历所带来的体重减轻都要加以美化,那实在令人不寒而栗。不久前,我的一位朋友抱怨她的体重增加了。"你看,"她一边说着一边给我看她以前的照片,"看看去年夏天我是什么样子。我一直都在锻炼,看起来棒极了。"我的第一反应是提醒她当时到底经历了什么:在经历了一次艰难的分手后,她的情绪低落到几乎无法下床。当她从低迷中走出来时,就开始过度锻炼,即使她根本吃不下东西。而如今,看着这些照片,她已全然忘记了自己为获得这一体形所遭受的所有不快,也没意识到自己在当时所维持的身材标准是不可持续的。

在饮食失调康复的过程中,我对新生活最看重的一件事就是我可以和别人一起吃饭。"掰饼"可能只是《圣经》中提及的仪式①,但对我来说,它意味着与朋友坐在一起自由进食是多么美好。享受彼此的陪伴,分享各自的口味、文化和习俗,这种体验是不可思议的,也是我以往不曾意识到的"失去的美好"。食物有治疗作用。它是一种与他人沟通、一同享受和体验生活的方式。而为了变瘦,我们又心甘情愿地失去了多少这样的经历与体验?

我并不为自己的过去感到羞耻,但我的一些过往确实非常难以启齿,尤其在饮食失调和成瘾方面。本书中,你会读到我人生中经历的各种事件,有一些极其偏激,大多则平平无奇。有一些可能会立即引起你的共鸣,而另一些可能需要一些时间来消化。不管怎样,我希望它们能给你启发,帮助你有所反思。

多年来,我的外表看起来是健康的化身,是节食文化的典范。我具备所谓"好身材"所要求的所有条件。

---

① 《圣经》记载,耶稣被出卖的那一夜晚餐时,曾掰开饼与门徒分食。掰饼后来成为信徒的礼仪,以纪念耶稣的受死和他为罪人舍命的大爱。——译者注

但我经常把自己饿过头，以至于每当我允许自己吃点东西的时候——比如在教课间隙吃点葡萄——我就会感到极为不适，因为我的身体已经到了无法再忍受食物的程度。与客户对我的印象不同，实际上在很多方面我都在摧残自己的身体。当我回想起生命中的那段时间，感觉就是在来回折腾一团纱线。在工作中，我和老板的关系很糟糕；在家里，我和伴侣的关系很糟糕。我对非处方的苯丙胺（别名安非他命）上瘾，我的饮食失调已经自成一体。我不知道该如何摆脱，一切都是一团糟。

不管我减了多少体重都不够。我总是能发现自己身体的问题。你有没有听过这句话？——"如果你不爱穿10码衣服的自己，那你也不爱4码衣服的自己。[①]"这句话很老套，但并没有说错。体重只是表面，而你的内在本质是不变的。通过羞耻、极端限制和内疚来减肥并不会让人快乐。抚慰我们的情绪，治愈旧日创伤，践习直觉饮食，探索快乐运动……这些都能极大地改变我们的面貌。是的，它们可能导致体重减轻，也可能导致体重增加。我想在一开始就明确说明这一点。我并不是妖魔化一个人的体重变化，因为身体状况会波动。我想强

---

① 美国10码女装相当于国际标准的L码，4码相当于S码。——编者注

调的是，我们应审视改变体重的意图和方法，并探究什么才是我们真正所需要的。

第二个极端：有毒自爱

让我们回顾下先前提到的"身体观念的钟摆"（还记得吗？），如果说位于这个钟摆左侧的是节食文化助长的身体羞耻感，那么现在我想谈谈另一侧：一种有毒的、扭曲的身体自爱，它歪曲了一场有着几十年历史的草根抵抗运动那原本令人钦佩的目标。它告诉我们，必须在每时每刻，都怀着强烈而不可动摇的热情去爱自己的一切。最近，有人把这场有毒的自爱运动形容为"拉屎都能拉出彩虹来"，我只能哭笑不得地承认，这句话真是话糙理不糙。

身体自爱运动的缘起是具有革命性的，在身体自我接纳方面取得的进步具有重要贡献。需要明确的是，身体自爱是一种不可思议的手段，它帮助许多人在这个世界上找到活下去的理由。身体中立并不否定身体自爱——它们可以相辅相成。但我想探讨的是，有毒或虚假的身体自爱是如何像身体羞耻一样对我们造成伤害的。

这场运动一直致力于促进彻底的自爱和对自己独特身体形态的自我接纳。妊娠纹？——美极了。堆积的肥肉？——真富态。身体疤痕？——这才是真正的个性。这场运动全心全意地摒弃身体羞耻感和节食文化，倡导我们当下的样子就是美丽的。本书和身体中立的理念建立在"身体自爱运动"的基础上，其肇始于20世纪60年代末的"接受肥胖运动"（涵盖了"肥胖自豪""肥胖力量"和"肥胖解放"）。在"身体自爱"一词被用来向你推销除臭剂之前，它实际上是一场社会运动，重点是接受所有身体，无论其体形、体态、性别、种族或身体能力如何。它一直致力于挑战审美标准，以及社会、医学和文化对肥胖的污名，帮助每个人建立自爱的观念。它的历史与激进的社会正义、女权主义、民权运动和黑人解放运动密不可分，是由那些身体被边缘化的人（尤其是肥胖者、黑人、酷儿和身体残障者）为生活在类似偏见境况中的其他人而创立的。

"得益于身体自爱运动，很多事情都为之一变，尤其是服装的选择性和可获得性大大增加。在2010年之前，如果你是一个胖女人，想要时尚一把，那你几乎没有什么可穿的。我们能弄到手的衣服都怪里怪气的，"斯蒂芬妮回忆道，"但是，一旦身体自爱运动的积极分子开始将时尚融入他们的表现意涵中，我们便看到品牌醒悟过来，意识到胖女人也想穿得时尚。提供大码服装的服装店数量大幅增加，尽管多样性仍然有所欠缺，但这已经取得了长足的进步，我确实觉得我们肥胖群体已经能够影响变革了。"

话虽如此，斯蒂芬妮也向我提及了这样一种情况：当初那些身体被边缘化最严重的群体，包括许多身体自爱运动的早期倡导者，现在却常常发现自己被排斥在他们曾努力发起的这场运动之外。"如今的身体自爱运动主要服务于中等身材的女性，对大码身材的女性却没有太多帮助。我并不是有意针对当下那些了不起的大码模特，但在我看来，这些模特拥有夸张的沙漏身材、大胸细腰、平坦的腹部、轮廓分明的颧骨，体形略胖却十分讨喜：她们是身体自爱的脸面。我这样的人并不是身体自爱的最大拥趸，因为它不再是一个充满安全感的空间，可以让那些最受压迫的人聚集在一起，并对那些真正影响我们的事情畅所欲言。"

最新版本的身体自爱观念认为，只要身体健康，人们就应该爱自己的身体，这是一个模糊不清的标准，无法与医学界由来已久的偏见相抗衡。"这就像是说：哦，是的，爱你自己，除非你不健康，那么你就需要努力保持健康。或者说：爱你自己，除非你太胖了。现在出现了很多完全违背该运动的初衷的情况。"艾丽解释道。基于体形、体态、肤色和能力的排斥仍在继续，只是换了一件光鲜的外衣而已。

许多人也开始发现，这场运动中的言辞正变得富有攻击性且排他。想想歌星阿黛尔（Adele）因为减肥而被认为明显背叛身体自爱，并因此受到的批评吧。她当时说："在我的整个职业生涯中，我的身体都被物化了。我能理解，有些女性因为我的减肥感到自己受了伤害。因为我曾在外观上代表了很多女性。但我还是那个我。那时的我对身体持积极态度，现在的我也是。"同样，当饶舌歌手莉佐（Lizzo）宣布进行果汁清肠时，粉丝们也强烈反对。由于公众眼中的大块头女性太少，那些倡导和体现不同体形的女性成为偶像和榜样也是可以理解的。但用一种新的标准来要求她们，却再次凸显了我们的价值完全取决于我们的体形这件事。太大、太小、太高、太矮、太瘦、太有曲线，任何体形标准都是有害的，任何人都不应该在饮食、运动或生活方式上感到压力。在这场体形比拼中，没有人是赢家。

我对莉佐和阿黛尔减肥的最初反应都是"不！"。但这只是因为从我自己的生活经历中，我知道伴随着排毒饮食和身体状态巨变而来的是怎样一种心态。但我不得不退一步提醒自己，每个人都可以选择如何与自己的身体互动。减肥并不意味着你不爱惜自己的身体，就像体重增加并不意味着你不健康一样。虽然我可能不同意公众人物分享、宣传的所有东西，但我也必须认识到：(1)我不知道那个人的具体情况；(2)这些人往往正是我想要帮助的、希望从转变中收获快乐的人，对其加以评判并不能助我完成使命。

当你独自面对镜子的时候，一个显而易见的事实是，有时候你对自己的身体感觉并不那么积极自爱。是的，你可以对抗你头脑中的声音，反驳那些既定的、不切实际的标准，否认你每天被灌输的营销信息，要把它们从你的记忆中抹去最多也就是一种对现实的挑衅。而对一些人来说，这样的有毒自爱会给我们镀上一层内疚和羞耻——当我们对自己的身体感觉不那么积极时，就会觉得自己失败了。我们开始捏肚子，或者为一条小到穿不下的裤子抹眼泪，突然间，我们觉得自己不再是女权主义者，不再是生活在身体自爱氛围中、可以不羁表达自我的现代人。

亚历克莎承认："我听到'爱你的身体'这句话时，我觉得这是另一个我无法达到的标准，我又一次让自己失望了。其他人似乎都爱自己的身体，我每天都受到社交平台上的帖子的轰炸，告诉我要爱自己的身体，那我为什么做不到呢？我看到了那些身材不符合理想标准的人身上的美。但我仍然不能把它应用到我自己的身体上，由此，我意识到自爱已变得有毒。"

每天尽情地爱自己是一个了不起的目标，但如果没能实现，你也千万不要觉得自己失败了。你可以有身体形象不佳的一天，但仍然可以对此不屑一顾。如果你确实有过这样的失败感，或者别人让你有这样的感觉，那就是身体自爱变得有毒的时候。生活在真相中总比欺骗自己要好，不管这个真相有多难以接受。

另一条道路

那么，身体中立在这个钟摆的轨迹中所处位置如何呢？中立可以说是身体羞耻和有毒自爱之间的中间点——钟摆停止摆动的位置。但我更愿意把它看作存在于一个完全不同的轨迹之上，因为它与其他两个以身体为中心的极点（恨身体与爱身体，或恨你的妊娠纹与爱你的妊娠纹）不同，中立让你的身体跳出了这种对立。无论我们在某一天对自己的身体感觉如何，无论我们的钟摆是朝着深深羞耻还是极端自爱的方向摆动，身体中立的做法都是**承认我们拥有的感觉**，**探索**为什么这些感觉会出现在我们身上，然后与我们的自我价值**重建联系**。

我发现，在区分身体羞耻、身体自爱和身体中立时，举例类比真的很有帮助，以下就列举了一个常见的场景来类比。

> **身体羞耻**就像你照镜子时对自己的负面评价——听起来可能像：我的肚子看起来很恶心，我讨厌我的腿，这些妊娠纹很难看。
>
> 而**身体自爱**就是用积极的态度来反驳这些想法——可能这样想：我的肚子很美，我爱我

> 腿上的每一寸肌肤，妊娠纹就是我的"虎纹"，它们很棒。

你每次都相信这些话吗？给妊娠纹重新起个时髦的名字就会让你爱上它们吗？用身体自爱的论调来反驳身体羞耻的论调就会让你感觉良好吗？有时候，答案是否定的。有时答案则是肯定的！我的经验告诉我，积极自爱的身体措辞真的很有帮助，你需要时不时地给自己打打气，这样你才能走出家门，去做你该做的。然而，有时这些积极的身体论调会让你感觉有点儿底气不足，就好像你只是在自欺欺人。

这就引出了我们的第三个选择：中立。面对身体羞耻的评论，身体中立的回应可能听起来像下面这样。

> "我真的对自己的身体有很多负面的感觉。"
> （不带评判地承认自己的感受。）
> "我想知道为什么今天这些想法会如此强

烈?"（**探索表象背后的原因**——压力、睡眠不足、情绪困扰、疾病、社会环境、激素变化等。）

"在这段时间里，我要对自己格外温柔，我的身体经历了这么多，但它仍然能够____。"（与自己**重建联系**，感谢你的身体为你所做的一切。）

当我们挣扎、纠结、心绪难平时，可以采取以下三个步骤来帮助心理恢复平衡。

第一步：承认你的感受

注意你谈论自己身体的方式，试着用旁观者视角来审视你的想法。

哇，我今天对我的腿有很多感触。

我在倾听我对自己说的话，我现在对自己太过苛刻了。

> 我对自己说的那些话，是我永远不会对朋友说的，也永远不会对我的孩子说。
>
> 这些都是令人厌恶的伤人的想法和言论。

给自己的想法留出空间会对你大有启发，这就是为什么把它们写下来可以揭示你与身体之间的实际关系，而这种关系也许是你从未意识到的。写下这些你不该对任何人说出的想法。直面它们，无论你多么想把目光移开。

我总是觉得"承认"这个阶段很有挑战性，因为我并不想把这些想法大声说出来。我不想承认我过得很艰难。我想过得轻松些，我想自强自爱，在任何方面都表现出色。我想要相信我已经达成了身体自爱，任务完成，所以可以去做更多有趣的事情了。但同样重要的是，在你无法做到这一点的日子里告诉自己，不好也没关系。让我再强调一遍，不好也没关系。遇到困难并不可耻——在我们生活的世界中，这几乎是不可避免的。把一切都摆到台面上，对自己诚实——这是第一步，因为如果你选择压抑这些想法，对你的真实感受沉默不言，你就永远无法了解内心的真实想法。

然而，承认与羞耻不同。让我们以试穿衣服时的情形为例：你发现自己无法拉上最喜欢的一件衣服的拉链。在这种情况下，羞耻感会让你陷入恶性循环的旋涡。你会发现自己在卧室里来回踱步，心里想着："我真恶心。""我对自己的身体做了些什么？""我需要改变这一切。"你会陷入自我谩骂的狂乱之中无法自拔。这与在承认阶段中停下来认识和考虑自己的感受是截然不同的，后者更像是在说："我刚试穿了一件不合身的衣服，现在我真的很自责。"陷入羞耻的恶性循环并在内心对自己大喊大叫是一回事；退后一步，承认你确实是在对自己的身体大喊大叫，则是另一回事。后一种做法没有那么激烈，也更冷静，就像是说："这就是我今天对身体的羞耻感。这就是我今天对自己说的话。哇，这让我真的不好受。"

并不是说这第一步会让你感觉很好，但它可以帮助你对当前的情形保持平常心，帮助你稍稍将情绪抽离。所谓"承认"，就是把自己从困境中拉出来，以高于自身的超然位置向下俯瞰，看看现在发生了什么。有时，将自己视为不同版本的自我，会对自己有所帮助。我会想，现在这种感觉属于哪个年龄段？在这里现身的是哪一个我？是十几岁的自己，还是幼年的自己？然后，我试着让自己的另一部分以同情的口吻对"该版本自我"说话。通常情况下，成年的我会出现，来安慰年轻的我。这对我很有帮助，因为它提醒我，这些感觉来自以前的创伤或观念，而现在的我已经具备了应对这些创伤或观念的能力。也许把它想象成一个朋友来安慰你会更容易些。他们会说些什么，你又会回答些什么？承认阶段的重点在于为你的思绪留出一部分空间，让你切实评估发生了什么，并有望迈出第一步，以便从不同的角度看待问题。

第二步：探索这些感受的来源

有两种方法可以做到这一步。第一种方法是进行一次深入演练，花点时间看看这些年来你与身体的关系发生了哪些变化。我在本书中不时穿插一些问题，以期你在阅读时会开始反思自己的一些想法。我一直想达到的效果就是：这本书不仅是我的，也是你的。

第二种方法是对当下时刻进行这种演练。你要问自己，到底发生了什么？我是否压力过大？我和我的伴侣有过争吵吗？我是不是得买大一号的牛仔裤，而这让我又有了别的想法？我的激素水平对我的影响很大吗？

比如说，一位亲戚对你的身体评头论足了一番，现在你的情绪陷入了低谷。你首先要跳脱出来，承认自己的感受。然后，你就要探索是什么导致了这些情绪的出现：比如显而易见的原因——苏阿姨评价了你的体重；或者可能是不太明显的原因——现在是假期，你没有按正常规律作息。在探索阶段，你可能会发现很多因素，因为情绪的出现很少有单一成因，所以你可以列出一个原因清单，比如假期带来了孤独感、工作格外具有挑战性、我住在一个不属于我的家里、我缺乏掌控感，等等。

最近，我正在接受不孕症治疗，每天都要向体内注入激素，同时还要实施医疗程序，以应对怀孕失败的后遗症。当我觉得身体背叛了我的时候，我真的很难接受自己的身体。对于那些经历过不孕的人来说，这不仅仅是无法怀孕的问题，而是你对自己的身体完全失去了掌控感。从来没有什么事让我感到如此愤怒和困惑。我们将在本书后半部分更深入地探讨控制问题，但我们应该注意到，对于身体畸形恐惧症、饮食失调、饮食紊乱和整体身体羞耻而言，感觉失控是一个主要因素。基于此，我想要努力摆脱旧的思维模式的原因也就不足为奇了。

无论你在探索阶段列出了什么理由，它们都是合理的。有些原因可能只是来自你生活中正在发生的琐事。如果是这样的原因，你可以选择在生活中避开它，比如测量体重。我不知道自己的体重，但我知道站到体重秤上对我没有任何好处。知道自己的体重会让我陷入黑暗旋涡，让我沉迷于此、欲罢不能，我不想如此。因此，我在社交平台上写了一篇文章，公开宣布我不会再上秤了，但这篇文章不是写给任何人看的，而是写给我自己看的。发出这句话让我言出必诺，从那以后，我再也没有测过体重。即使去看医生，我也会要求他们不要给我称体重，如果他们需要称体重，我会要求"盲称"。大多数医生会对此默许：你只要反过来站在秤上，他们就会秘密地记下数字。也许有一天，我会觉得自己的内心强大到超越了体重秤带给我的负面作用，如同我已经凌驾于它的力量之上，到那时称不称体重对我已无分别了。但我暂时还没有达到那个境界，这也没关系。

许多人的另一个感受触发点是试穿旧衣服时。也许正值换季，是时候把夏天的衣服翻出来了。但通过"探索"步骤的演练，你现在意识到这种做法可能会让你抓狂。想想你能做些什么来让自己感到安全，而不致孤立无援：请你最好的朋友过来，告诉对方你那天需要一个给你鼓劲的啦啦队长；或者播放你最喜欢的音乐；或者打开你最喜欢的节目。如果可以的话，不妨买几件合身的新衣服，这样你就拥有让你兴奋不已的衣服了。如果你知道某件衣服已不合身，就不要为了看它到底有多小而去试穿：那件衣服已经成为你的过去，而现在的你才是最重要的。想想如何处理那些不再合身的衣服，兴许也会对你有所鼓舞。或许你可以把它们捐出去以帮助有需要的人？或者卖掉它们来赚点外快？或者把它们送给你认识和喜爱的人——没有什么比看到我的侄女们穿着我的旧衣服大摇大摆地走来走去更让我开心的了！无论如何，你应该在自我感觉良好的时候试穿旧衣服。这是一项在你对身体感到自爱的日子才可以进行的活动。

你不可能在任何情况下都与这些不良情绪绝缘，但通过探索你的个人敏感问题，你至少能够学会识别它们。而一旦你对这些想法有了一定探索，最后一个阶段就是退一步，与自己重建联系。

第三步：通过感恩重新找回你的自我价值

在写这一章初稿的几周前，我的身体形象很糟糕。在淋浴的时候，我开始亲身练习这三个步骤。我承认我对自己说了很多难听的话，然后开始探究原因。这场探索为我带来了无数个原因，但我把主要原因归结为几个月前流产所带来的失败感和羞耻感。是时候集中精力重新与自己建立联系，并对我的身体所能做的一切心存感激了。我的身体曾与不孕症做斗争：怀孕、失去孩子、经历了刮宫以去除妊娠组织残留、流血、感染，还有痛苦的尖叫，但它最终挺过了难关。我迎来了流产后的第一次月经，我很感激这些经血，因为这意味着生命循环的气息。我为我柔软的小腹，甚至为我体内无处不在的激素而感激。我很庆幸在我身体康复的过程中，我们暂停了受孕尝试，也很庆幸我的身体正在康复。我是一个顽强的战士，一个仍然活着、呼吸着、体验着生活的人。我可能没有达到最健康、最快乐或最强壮的状态，但我仍然是我。

重建联系的步骤对每个人来说都不尽相同，但通过将我们的注意力转移到身体为我们所做的一切上，而不是执着于它的外表，这可能会带来巨大的改变。"身体中立"与"身体自爱"不同的是，后者会要求你写下一些你喜欢自己身体的某个方面（我喜欢我的微笑、我的肩膀或我的脖子），而身体中立完全不会只从审美的角度来看待你的身体。重建联系阶段的重点在于，你的身体能为你做什么，或已经为你做了什么。它更注重行动导向。我们的身体让我们有幸活在世上、呼吸空气、感知这个世界和我们周围的各色人等，光是这些已堪称奇迹。

对我来说，这便是在重新认识我们自己最原始的一面，以及我们的身体从根本上为我们所做的一切。是身体让我们有这些想法、这些快乐、这些时刻。这不是"我今天真的很讨厌我的腿，但我爱我的胸部"，也不是"我的胳膊很棒，但可惜我的屁股不怎么样"之类的表层想法。这种表面的察觉只是你的身体每天都在为你所做的无数贡献中的一小部分而已。感恩的态度之所以美好，是因为它能帮助我们与当下联系起来，意识到此刻我们所拥有的一切。

我曾采访过活动家、《看我如何翻身》(*See Me Rolling*)一书的作者洛蒂·杰克逊（Lottie Jackson），请她谈谈残障问题如何与身体中立的实践相互交融。她解释说："当你与健康问题缠斗时，会有很多事情不断地将你的注意力拉回到身体上。但如果情况允许，让你的身体保持中立——在精神上取消对身体的优先考虑，暂时放弃这方面的关注——也是有可能实现的。例如，我提醒自己，在身体的限制之外，还有很多东西值得去发现和享受。无论是发挥想象力与创造力、与人沟通还是发现新的激情，肉体都不代表这些体验的全部。"

在这三个步骤之后，你不可避免地会有某种心理上的重新校准。直视你的感受往往能消除它们带来的刺痛。然而，通过这三个步骤并不会让你觉得："耶！我现在感觉好极了！所以，这就是让身体保持中立吧？我们这就开始。"最近我实施这些步骤的日子比以前更多了，因为这几个月来我感觉不太好，也没有像我希望的那样感觉身体中立。但是给自己足够的时间和空间去体味这些感觉，并将自己融入其中，有助于我克服它们。并不是这些感觉就此消失了，而是你形成了一种情绪上的"肌肉记忆"，使你能够处理和理解它们。

幸福来自真诚的自我接纳

来说说我自己的经历：我个人的"钟摆"曾在两个

极端位置间激烈摇摆，让我备受伤害。身体羞耻？我曾经有过，一直都有。身体自爱？也有过，还是有毒的自爱。那么，我的钟摆现在一直静静地停在中立位置吗？当然不是。那摇摆还在令我受伤吗？还好，也没有。我想坦诚地告诉大家一个事实，那就是有时做到身体中立很难，而承认这一点更不容易。作为这本书的作者，作为一个运动和身体政治方面的"专家"，我常常觉得自己应该首先把一切都弄得明明白白的，而向你们承认我也还在挣扎、徘徊之中，总让人感觉有点局促不安。然而，身体中立是我思想的支柱，我可以一直努力回到这个支柱上来，这对我的帮助是不可估量的，我真心希望它也能帮助到你们。

  说到底，总有一些东西需要我们去努力，也总有一些东西需要加以改进——这个世界便是如此。但幸福不会来自自我伤害、自虐或自欺。幸福也不会来自限制和惩罚、自我憎恨和羞耻。幸福更不会来自每天大放彩虹屁，假装我们爱自己，实际上却在经历痛苦和煎熬。幸福来自真诚的自我接纳，而身体中立正拥有帮助你找到这种接纳的力量。

第 2 章
无处不在的身体偏见

"健康"并不以某种特定的方式呈现,
我们的身体也不是商务名片。
无论健康与否,每个人都应该得到关爱。

每个人的身体都是生而平等的，却没有得到平等的对待

既然我们已经建立了身体中立的原则，现在是时候看看我们身体之外的世界了。事实是，无论我们的内心感受如何，我们的外表都会影响别人对我们的看法。我们与身体的关系并不是存在于真空之中的。没有人生来就对体态、体形、肤色持有固有观念——相反，这些观念是通过我们被对待的方式，或者通过我们观察别人被对待的方式而形成的。

在我的职业生涯中，我常注意到其他人在生活的各个领域是如何因身材而受到歧视的。体形偏胖的健身教练不被学员看重，身材臃肿的客户则无法从医疗健康服务提供者那里获得其应有的护理。瘦子可以在街上毫无顾忌地吃着冰激凌，而胖人却不能。后者在就业、教育、医疗保健和人际交往中都会受到歧视。对此，我们不禁要问，这种持续不断的外界评判会对一个人的整体身心健康造成多大的伤害。请记住我的话：健康与一个人的外表无关，我们需要重新考量社会衡量健康的方式。

我们所在的社会常常让我们对自己的身体产生集体性的负面情绪，各种体态、体形的人在接纳自己身体方面都会遇到困难、挣扎和问题。有身体就有经历。我们可能生来就拥有身体方面的特权，也可能并不拥有，因而会有不同的经历。但无论你的身体是何种形态，对能够帮助自己和他人的方法加以探索都是有益的。我们越是把人分门别类，就越难看到彼此的真实面目，也就越难放下彼此的隔阂。除了致力于解决影响我们与身体和自尊之间关系的社会系统性问题外，我还希望我们在探索身体如何因外在而受到不同对待时，能对他人有更多的了解和同情。通过反思世界是如何对待我们的，我们有望更好地审视自己是如何对待他人的。

关于身体中立的说明

针对身体中立的一种批评是，它未能解决这样一个问题，即生活在一个仍然充满偏见的世界中，践行身体中立便将面临外部阻力。"只要恐肥症还存在，我每天早上醒来时，就算对自己的身体保持中立心态，然后继续一天的日常，但也总有人会竭尽所能地羞辱我，"斯蒂芬妮·耶博阿解释说，"这种羞辱可能是在街上碰到有人说我胖，也可能是去超市时有人看向我的购物篮，或者在健身房运动时有人盯着我看，又或者去餐馆时看到有人拍我吃东西的照片。这些情景会反复提醒我，我的体重正是我理应受到鄙视或厌恶的原因。无论是在交友软件上，还是在媒体对胖子的描述中，这种羞辱始终存在，让我无处可逃。"

对于许多残障人士来说，他们在身体方面和实际生活中都存在不便，让他们无法对身体问题采取超然态度。洛蒂·杰克逊在给我的信中提供了另一种视角："作为一个身患残疾的人，大多数阻碍我接受自己身体的障碍并不在于我自身，而在于周围的设施环境和现代生活的其他排他性条件，这些环境和条件严格规定了身体必须如何运动和作为。从这个意义上说，我缺乏相应的控制力和能动性，因此无法被社会完全接纳。此外，肌无力方面的缺陷意味着我对物质世界有着非常独特的主观体验——对一个健全人而言，身体的某些功能可能是理所当然存在或如同本能般不必多想的。对我而言，却要以刻意的方式去加以考量。像举起一个相对较重的物体这样的简单动作，也需要我付出比常人更多的努力和专注。当我将注意力从身体的外观转移到其功能上，确实也从中窥见了某种身体健全者所享有的特权。"

本书并不试图否定这些观点，也不认为身体中立是解决系统性不平等的万灵药。它并不是。身体中立实践的目的并不是让你忘记身体的存在，而在于找到一些工具来帮助你尊重自己的形体，同时让你知道它并不是你最有价值的东西。也许有些人在读这本书时会发现，我们的社会在这条道路上设置了重重障碍，让你无法接受自己的身体。这并不意味着你无法做到身体中立，也不意味着你是个差劲的人。这些感受都是合理的，在本书中也不会被排斥。不过，有些身体被边缘化的人会发现，身体中立是一种有力的实践，可以支持他们踏上一条修复与身体的关系的旅程。我希望大家能从身体中立中汲取一些东西，即使它们并不能完全弥合每个人身体之间的差距，也能帮助我们离自我接纳更近一步。

艾丽·杜瓦尔相信，身体中立帮助她从与身体的严重混乱关系中解脱出来，并接受了现在的自己。"找到中立的感觉让我放下了许多身外之物，得以在细胞层面上探索对自己的爱。这个层面与我在当下的外表无关，它根植于中立的理念，不会根据其他因素而转变——它不在乎我是否穿了另一套衣服，或者我的裤子是否紧裹着我的身体。它的存在不受任何因素影响：它就是自然而然如此。"

在这本书中，你会发现我的叙述始终会回到一条主线，那就是好奇心和尝试。你的身体多少会因其体态、体形、肤色或能力而承受着外界的压力，身体中立可能并非你开启自我接纳的唯一钥匙。但是，它可以为你提供一个探索新技巧的空间，从而支持你一路前行。你所处的环境可能充满敌意，但你还是有办法武装自己，抵御一些信息的侵袭。要获得这种保护，一个好的起点就是看看身体中立实践如何能与种族、性别、体形和残障等因素融会贯通，并帮助我们营造一个更安全、更公平的空间。

正如洛蒂所说："社会告诉我们，身体是衡量我们生存质量的标准。我想，意识到这一点是实现身体中立的第一步——虽然我知道这说起来容易做起来难。"

那么，就让我们从自身的立足之处开始这段旅程吧。

媒体如何将身体边缘化

我们的社会接受甚至赞许数不尽的歧视行为。许多决定我们成功和成就机会的组织都存在根深蒂固的偏见，从对肥胖的恐惧到性别和种族不平等，不胜枚举。"身体会遭遇明显的偏见，"蔡斯·班尼斯特（Chase Bannister）如此说，他是一名持证临床社会工作者，也是饮食失调研究、政策与行动联盟（Eating Disorders Coalition for Research, Policy & Action）的董事会主席，"我们对不同体态、体形、肤色和外表的身体存在偏见。就在我们身边，对身体羞辱和污名化的现象比比皆是，这通常被习惯性忽视为生活背景的一部分，而不是一种当下特定的层级划分。当涉及体重、体形和外表时，个人权利被剥夺所产生的影响是巨大的。如果一个人拥有被社会接纳的体形，他/她/Ta对此几乎无法理解。但这些观念对我们所有人都有影响，不管我们承认与否。"

如果你的身体并非被边缘化的类型，也许你会忽略其中的一些信息。也许你曾想过，在广告和营销中加入大号模特是否会鼓励和认可肥胖。也许当有人告诉你，对一个为自己的减肥做法感到自豪的朋友加以鼓励是不对的，对此你会感到气恼。毕竟你是想让对方自我感觉良好，又有什么错呢。也许，你认为医生最好诚实地告诉那些身形较胖者相关的健康风险。你可能会私下承认，你对非二元性别者或跨性别者[①]的身体知之甚少，所以你对如何称呼他们或尊重他们感到困惑。我们被引导的看待身体的许多方式都是基于不充分的研究和假设，而一旦我们认清那些以往被当作事实的观念的本来面目，可能反而会迷失方向。本书的许多读者都在试图摒弃那些世代相传、根深蒂固的观念，这很难！但这也是这段旅程的一部分，我欢迎大家写下阅读本章时可能产生的任

---

① 非二元性别者（non-binary）指超越传统男性和女性二元性别分类的性别身份认同者。跨性别者（transgender）指个体性别认同不同于其出生时被指定的生理性别者，包括跨性别男性、跨性别女性和性别酷儿等性别认同。——译者注

何感受或问题。希望它能帮助你反思，并开始改变你谈论自己和他人的方式。

通过对过去15年媒体的回顾，我们发现，从电视节目到书籍，从报纸到互联网，媒体始终在以一种污名化的方式描绘那些胖人。斯蒂芬妮告诉我："媒体是我们如何识别和看待世界上其他人的第一站。作为一个成长于20世纪90年代到21世纪初这段时期的人，我发现那些影视剧中的邪恶反派要么肥胖不堪，要么出于某种原因而表现得十分丑陋。所有的好人角色都是苗条、白净、富有吸引力的。这告诉我，如果我想坠入爱河或成为故事中的英雄，我就必须看起来与这种特定类型的人相像。可并不是每部欧美主流浪漫喜剧中的主角都必须又白又苗条——你完全可以让一个胖子来当爱情主角，你可以让残障人士成为恋爱对象，或者亚洲人也可以。我们需要选角更加多元化的电视节目、书籍和电影。网络空间的任何平台也都有责任改变这些表达。"

当然，媒体也可以成为积极变革的渠道。洛蒂把使用社交媒体描述为"发挥创造力、保持联系和寻求参与社群活动的重要手段"。这也是我们能够接触超越社会常规想法的途径。斯蒂芬妮对此也表示赞同："社交媒体有很多缺点,但在网上找到一个充满支持和包容的社群是我此生的最大幸事。因为它让我明白,对肥胖和大码身材常态化看待是让自爱运动回归正轨的重要途径之一。在社交媒体上的'身体接纳运动'中,我找到了那些帮助我毫无保留地爱自己的人。它让我看到了其他大码黑人女性网红和模特的存在,她们都是 XXXL 码的身材,并且毫无愧疚地过着属于自己的充实生活。通过在社交媒体上将这些常态化,我对自己的身体更有归属感了。我不再把自己的身体视为反常或怪异可耻的东西。这有助于提升我的自我价值,而这也是我想给别人留下的印象。我仍在为此摇旗呐喊,并努力让别人听到我的声音。"

健康超越体形

一位自认为肥胖的客户曾告诉我,Ta/Ta 们[①]一直感

[①] "他们"(they)在英语中一般为复数形式,但由于其不像"他(he)/她(she)"那样具有明显的性别指称,因此具有性别中性意味,也会被用作无特定性别的单数代词,此用法常见于性少数及非二元性别群体,有时也会写作"Ta/Ta 们"。(本书中文版为与一般语境中的"他们"区分,在后文均采取"Ta/Ta 们"的形式来指代。)——译者注

到膝盖疼痛。每次去看医生，Ta/Ta 们都没有得到任何有效治疗：医生只是告诉 Ta/Ta 们需要减肥。几个月后，疼痛加剧，于是 Ta/Ta 们去看了另一位医生，医生给 Ta/Ta 们做了磁共振成像检查，发现 Ta/Ta 们的半月板撕裂了。这故事让我感慨颇多。因为我知道，如果我去看医生，他们会毫不犹豫地给我的膝盖做磁共振。我们经常听到不良健康状态和体重增加之间的因果关系，但很少被提及的是，肥胖的人经常被误诊。因此许多肥胖者选择对医疗建议避之不及的做法也就不足为奇了。

尼娜·科索夫（Nina Kossoff）谈到自己的一段经历："在高中的时候，我是游泳队的队长，几乎每天都要游泳好几个小时。我也是一个素食者。那一年，在一次例行体检中，我的医生告诉我，我超重了，我需要多锻炼并多吃瘦肉蛋白。他们根本没有询问我的生活方式，就认为我的运动和饮食习惯很糟糕，肯定不健康。这次经历使我很长一段时间都不愿看医生。他们在我的病历上写了什么，我没有任何发言权。我很胖，所以我需要减肥来保持健康。但我怎么会不健康呢？我有什么问题吗？"

无论这些体形较胖的人是否拥有健康的新陈代谢、

良好的血液循环、充足的睡眠、低酒精摄入量、充沛的体力、低压力水平以及良好的运动习惯，都会被告知：不瘦下来就不会健康。斯蒂芬妮回忆说："在一次体检的前几天，我在做手工时撞到了一张木桌，大腿上出现了一块淤青，后来就慢慢消退了。体检时，医生看到了这处瘀伤，并告诉我超级肥胖的症状之一是血液积聚——他的意思基本上就是因为我胖，所以才会随机出现瘀伤。我只得向他解释说，瘀伤是自己弄的，与此前的身体状态无关。尽管我的身体没有任何问题，但还是有人没完没了地劝我减肥，起因小到瘀伤，大到其他更严重的问题。几年前，我想检查一下我的卵子储备情况，因为我一直想要孩子。我去做了生育能力检查，一名男妇科医生说他认为我的检查结果会是阴性，因为我髋部周围的脂肪太多了。他建议我考虑减肥，因为肥胖会降低生育能力，如果我真的想要孩子，我应该减掉大约 10 英石（140 磅）。不用说，在接下来的三个星期里，我一直在为此自责。这让我抹眼泪，让我又开始研究节食，这已经是我多年来没有做过的事情了。结果出来后，医生打电话给我，语气听起来有点不好意思，他告诉我检查结果很完美：我的卵子没有问题。我就此事指责他让我感觉很糟糕，指出他假设我因为体重而不能生育是源于对肥胖的恐惧。而他只是说，他必须告诉我这可能是一个影响因素。也许确实如此，但他没必要让我感到羞耻，尤其是在检查结果出来之前。"

是的，体形偏胖可能会对健康造成负面影响，就像营养不良和体形瘦弱的情况一样。许多生活习惯选择和遗传倾向都会带来负面结果，但这些并没有被妖魔化。每天少量饮酒（癌症、肝病、心脏病和卒中）、睡眠不足（痴呆、心脏病、2型糖尿病），甚至雄性秃顶（心脏病和前列腺癌风险增加）都会导致负面的健康后果，但我们并没有因为鸡尾酒吧的酒客、夜猫子或秃顶人士可能不健康而羞辱他们，也没有忽视他们的健康问题。

由于我们生活在一个"健康时代"，健康已被赋予了一种道德特征，结果便是那些据信是自己选择了不健康的或潜在不健康的生活状态的人，便被视为不道德的坏人。但这种道德审判并未指出，要获得"健康"对某些人来说是不可能的，许多因素——包括所处地区、收入、社会经济地位，都会使他们很难实现健康，甚至根本不可能如此。

艾丽告诉我肥胖者在就医时遇到的情况："我觉得医

生对健康了如指掌，所以他们一定是对的——我只需要停止进食。我必须健康，否则我一定是个坏人。不仅无良大型公司掌控的饮食媒体行业这样宣称，社群意见领袖、正在进行的研究，还有我们对肥胖流行病关注的舆论都在这样宣称。所有这些声音都在不断地传达这样的信息：胖子是坏蛋，不值得关心。当我因饮食失调而接受治疗时，我的医生从没能透过我的体形看到真正的我。他们从不认为我是一个需要治疗饮食失调的人。相反，他们看到的是一个需要减肥的人。"

问题的关键在于，"健康"并不以某种特定的方式呈现，我们的身体也不是商务名片。当我们仅仅根据人们的外表来评估他们的健康程度时，我们忽略了许多重要的因素，并为康复营造了一个危险的环境。无论健康与否，每个人都应该得到关爱。无论如何，我们每个人都应该得到尊重和关心。

设置界限，保护自己

从学前教育到就业市场，从交友网站到金融体系，我们被对待的方式都建立在价值判断的基础之上。那么，我们该如何保护自己的心理健康呢？我不会假装我有办法解决每个人都会遇到的，那些在社会中持续存在的一连串偏见，或者宣称这种办法是存在的，并且可以在几页纸内解释清楚。但是，在身体中立的思维方式中，有很多东西可以帮助我们有所准备，以面对这个充满偏见的世界。

第一步是承认这些偏见对我们自我认知的影响，并对其加以审视。"在过去的六七年里，我们看到有很多系统性问题——无论是种族、宗教还是性别认同和性取向——都已经被认真对待，这项改变真是引人瞩目，"《真正的自我保健》(Real Self-Care)一书的作者、专门服务于妇女和边缘化群体的注册精神科医生普伽·拉克斯敏（Pooja Lakshmin）博士解释说，"我的工作对象均是自我认知为女性的人，我当然明白这不是Ta/Ta们的错。Ta/Ta们的问题不仅仅是焦虑或抑郁：我们生活在一个并非为我们而构建的体系中——如果你是一个有色人种的话就更是如此。当我们背负着这种集体创伤时，我们在这个世界中将不再游刃有余。我们面对这些问题的最有力工具是建立界限——真正的界限，而不是虚假的界限——来保护我们自己。"

让我们来讨论一个在我的访谈中反复出现的例子：你去看医生，然后被告知要减肥。一个患有饮食失调的人可能会在专业治疗师的指导下保持身体中立，并在康复过程中不再关注自己的身体和体重。他们可能终于开始接纳自己的身体，到了医生这里却被告知他们要减肥——不是因为他们表现出任何具体的不健康状况，只是因为体重秤显示的数字过大。需要提醒的是，除非有医疗需要（例如确定药物剂量），否则你有权拒绝使用体重秤。

审视自己的个人情绪触发因素并建立保护自己的界限可能会对你有所帮助。也许这意味着在去看医生之前，你该先和医生就他们的诊疗方案进行一次谈话。或者搜索在线网络，帮助你找到那些积极抵制恐肥症的医生。又或者，你可以与一位值得信赖的朋友一起赴约。设置界限是一种积极的自我照护形式，本身就是一种健康促进因素。

我很喜欢亚历克莎·莱特与我分享的故事，她讲述了身体接纳实践和边界设置如何帮助她克服了一次不愉快的医疗经历。"我因为皮肤湿疹去看医生，结果他告诉我需要减肥，我被这句话激怒了。我当时感到非常震惊，我之所以发飙，是因为我已经付出了这么多来改善我与身体的关系，"她回忆说，"让我感到很酷的是，我很快就克服了这种情绪。我感到悲伤，然后静下心来，重新振作。我本希望可以听到更好的建议，但身体接纳实践是唯一能帮助我的东西。它确实会让人熟能生巧，自我保护的甲胄也会逐渐加强。"

对自己和他人都要怀有同理心

至于该如何应对我们身边不断涌现的、带有偏见且往往具有伤害性的信息，普伽建议先花点时间来承认这项任务有多么艰巨。她解释说："即使你在理智上知道自己想从更包容、更富有同情心的立场出发，你也必须首先认识到自己正在经历什么。对许多人来说，几十年来，他们一直在以某种方式自说自话，而这种忽视正是基于他们所受到的对待。除此之外，还有几个世纪以来的种族主义、性别歧视、能力歧视以及所有的'歧视主义'施加的影响。我认为，在开始深入内心与自己对话之前，必须先看清楚这项任务从外部来看有多么困难。因为这些事实，我们必须对自己心怀同情。"

自我同情是一种很好的实践，我们将在整本书中加以探索。洛蒂描述了一些自我同情的方式，这些方式为她提供了一种手段，让她得以重新解构那些从小到大一直强加给她的信息。"自我同情让我意识到，我的残疾和我的身体从根本上以积极的方式塑造了我，"她描述道，"我不否认也不回避残疾会带来挫折和挑战的事实。但我也知道，它赋予了我独特的世界观，这是我能够引以为傲的。无论是我解决问题的技能，对无处不在的美的发掘，从场景中解读出幽默感的能力，还是对同情和同理心的表达，构成我身份的这些特质都是在我身患残疾的前提下闯荡世界时产生的。对我来说，了解到自己已经培养了这些积极品质，便是一种自我同情和内心认可的行为。"

在我们对任何人加以评判，或将他们的努力与我们自己的相比较之前，我们必须明白人类有多少经历是无法量化的。我们从未站在他人的立场上思考过。我们对他人的基因遗传、所受创伤或心理健康问题一无所知。我们不知道他们的父母在餐桌上对他们说过什么，也不知道其他孩子在学校是如何对待他们的。我们无法通过扫一眼他们的履历来发现虐待伴侣对他们的影响，或者别人对他们的伤害。我们在为自己寻求同情时，也应该在内心唤起对他人的同情，无论他们的外表如何。

"我们不能只为自己创造中立的环境，而不为每个人创造完全中立和自由的环境，"艾丽解释道，"除非能接纳所有人，否则这就不是一个体现包容的空间或世界。如果你只是对自己的身体保持中立，那么你绝对还会有其他的偏见，而这可能会给别人带来影响。对于我这样体形的人来说，无障碍环境仍存在很多根本性的问题。例如，当我去一家餐厅用餐时，我必须事先了解餐厅外路面的情况。他们有适合我坐的椅子吗？如何让这个空间不仅是我的空间，也是可以容纳更边缘者的空间？围绕这个问题，我们进行了很多讨论。这些人包括比我更胖的人，与我不同种族的人，与我身体能力不同的人。如果你没有参与和挑战这些问题，那么你也没有真正做到中立。"

你上一次考虑对身边人的说话方式是什么时候？如果你对自己的评价一直很差，对自己很苛刻，那么这种评价有多少会渗入你的人际关系中？你对自己身体的评论，对周围听到这些评论的人有什么影响？在日常生活中，你在多大程度上考虑过其他体形的人会有的体验？

当你外出或逗留于公共场所时，是否注意到其中包含的无障碍环境，或质疑其体现的排他性观念？你是否想过引导你的出行习惯，以青睐那些优先考虑包容性的空间？如果不对每个人的身体进行包容性的思考，我们就无法对自己的身体进行包容性的思考。

在我们生活的世界里，人们非常看重外表。我们一直被灌输的观念是，外表体现了我们身份的方方面面，显然它代表着我们的健康、美德、意志力和成功。对自己的身体保持中立不仅是一种挑战，也是对这种全方位评判文化的一种反抗。在这种情形下，我们能采取的最有力、最激进的措施之一，就是开始努力接受新的观念，尝试新的实践。我们不必爱自己的身体，甚至不必对自己的身体感到满意，但同时又需要认可一点：我们必须要尊重自己的身体，这样的观念会从内部摧毁我们的现有评判体系。应铭记于心的是：这是我们仅有的身体，即使我们并不总是对它的外表感到满意，但我们可以全心全意地呵护它，这就是改变游戏规则的关键所在。

单靠这本书并不能解决系统性歧视问题。相反，这是一段漫长旅程的起点，以让我们更加有意识、更加开放地接受他人的经历，不再固步自封地看待这个世界。

是的,这趟旅程可能永远不会有一个终点,但我们头脑中的想法也并非一成不变。在这一旅程中,我们也可以改变自己对待他人的方式,这样随着时间的推移,我们就可以开始一步一个脚印地解决这种歧视问题。

第 3 章
自有理由的叛逆

我对它们保持中立:
有时候可以有毛,有时候可以没有,这由我来决定。
虽然有无腿毛看似微不足道,
但这是一种令人难以置信的自由感觉。
我不再"必须"脱毛,而是"可以"脱毛。

所有改变都始于内心

整个社会如何看待我们的身体只是当前复杂局面中的一个因素，同样重要的是要考虑外部世界的信息如何进入我们的头脑，并让我们以为这便是自己内心的真实想法。我们都是社会和环境的产物，因此很难区分"我们真正想要的"和"社会告诉我们想要的"。我们从朋友、家人、媒体、专业人士和组织机构那里反复听到的信息会影响我们的自我价值、身份认同、内心深处的渴望，以及我们对自己可能实现目标的憧憬。平复我们的内心挣扎往往是身体中立之旅的最佳起点。要想改变整个世界，使之成为一个更令人安心、更具包容性的地方，可能会让人感觉任务过于艰巨，难以承受，但我们确实有能力改变脑海中的叙述。这个过程中最精彩的一幕是什么？那就是，当我们在自己身上践行身体中立，也会对我们周围的人产生影响，并有望在我们的社群中产生多米诺骨牌效应，从而慢慢改变世界。所有改变都始于内心。

身体中立本身就是一种反叛行为。不去做杂志、社交媒体、娱乐行业、社会（或者除了你之外的任何人）想要你所成为的人，这是一场彻头彻尾的叛逆。这种实践很大程度上在于排除外界噪声，接触真正的自我。这种中立的对象不仅包括体重和体形，还包括体毛、皱纹、性别表达、肉毒杆菌、整形手术及其他无数问题。你渴望什么？什么时候你觉得最快乐？你想要什么？什么能真正为你所用？回答这些问题有时比我们想象的要困难得多，但它也可以让我们获得难以置信的自我解放。

本章将特别关注美容行业设定的许多标准，因为这些偏好是我们可以尝试去改变并掌控的。我们越是发自内心地意识到只有我们自己的标准才是最重要的，就越能在做出真正有益于自己的决定时感到快乐。

执迷不悟

我生来就有很多体毛，非常多。有一次，在我还是个婴儿的时候，我妈妈带我去商店，结果店里有人误以为我是一只毛茸茸的小动物（我妈妈至今还在为这件事生气）。到9岁时，我的腿上、胳膊上和肚子上都长满了又黑又浓密的毛发。记得有天傍晚，我和哥哥从篮球训练场回来，他的教练载了我们一程。我记得自己坐在我哥哥的腿上（当时是20世纪90年代），教练低头看了看我俩的腿，对我哥哥说："伙计，你妹妹的腿毛比你还多！"这句话应该是对我哥哥的讽刺，意思是说：孩子，你还不够男人，你的腿上几乎不长毛。不过我觉得这句话也是对我的讽刺——男孩理应体毛浓密，女孩则不该这样。我还记得自己当时有多么无地自容。那天晚上，我恳求妈妈让我刮腿毛，她同意了，因为她也为我感到难堪。就这样，我成了班上第一个刮体毛的孩子。

在我18岁左右的时候，激光脱毛现身美容市场，我一下子就被它迷住了，以至于它成了我的毕业礼物。在接下来的七年里，我的手臂、腋下、腹部、腿部、阴阜和胸部都经历了无数次激光脱毛。但随着时间的推移，我对一些事的观感发生了变化。我发现自己对腋毛的看法开始随着我对自身性别认同的探索而有所改变，我不再相信体毛与我们是"男性化"还是"女性化"有任何关系。我开始觉得体毛看起来很可爱，虽然我得承认，之所以有这种感觉是因为我看到麦莉·赛勒斯（Miley Cyrus）光明正大地露出腋毛，但很明显，流行文化正在发生一些变化。事实上，根据市场研究公司英敏特报告，2020年约有1/4的25岁以下女性不再刮腋毛，而2013年这一比例仅为1/20。我让腋毛自由地长出来，再也没有刮过。

这一戏剧性的转变证明，我其实从未真正讨厌过腋毛的样子，我只是从来没有把腋毛看作女性身体形象的一种选择。在与一位非二元性别的波斯语内容创作者兼创意策略师赛勒斯·维西（Cyrus Veyssi）交谈时，我们谈到了体毛的话题。"我在有很多美国人和白人的环境中长大，但我也在波斯社群和文化中长大。一般来说，波斯女性都长有很多体毛，但其形象仍然被认为是高度女性化的。我的一些西方表姐妹在学校里因为体毛而被取笑，现在她们会对自己身体的每个部位进行脱毛处理。

我自己则从不认为体毛是男性化的还是女性化的,这是我成长时所浸淫的特定文化的反映。"

我们所认为的"可接受的外表"在很大程度上是基于成长的文化背景、周遭之人以及所消费的媒体而来的。这些文化差异在各个层面上都有体现:不同的年龄段之间、不同的组织之间,甚至不同的城市之间。我在得克萨斯州住了几年,了解到那里的爆炸头发型永远不会过时。正如一句古老的得克萨斯谚语所说:"头发越膨大,离上帝越近!"潮流来了又去——也许你曾经喜欢自己几乎没有眉毛的样子,然后有一天你发现自己把眉毛化得更浓会好些,十年后却又拿出镊子拔眉毛。关键是,一个人不是天生就丑,也不是天生就美——这都是主观的。随着时代的变迁,你的喜好也可以波动。事实上,我们很可能始终受到我们所处环境的影响,但这并不意味着我们必须按照潮流改变自己喜欢的东西,或者就讨厌自己的某些"不符合流行趋势"的身体部位。我们大可以从那些目前可能不被我们的媒体视为"美丽"的事物中发现美。

为了反思你目前的审美观是如何在多年来成形的,在阅读本章时,你可以考虑以下几个问题。

- ★ 年轻时,"美"对你意味着什么？当时谁是你的美丽偶像，现在又是谁？他们有什么不同或相似之处？
- ★ 在你的记忆中，你是什么时候开始对某一身体特征的美丽与否产生强烈感觉的？
- ★ 你的成长环境是如何影响你对美的看法的？它现在还在影响你吗？
- ★ 你的性别是如何影响你的审美标准的？
- ★ 你是否曾经想要探索一种超越你的性别所能接受的美丽标准？

以新的眼光看待美

我爸爸最喜欢讲的一个关于我的故事发生在我4岁的时候。当时我们一起散步，路过一座被大火烧毁的房子。它几乎烧塌了，只剩下一片焦炭和弥漫的烟尘，我在房子前停下了脚步，语带惊讶地问："爸爸，那房子真漂亮，不是吗？"每次说到这里，他都会放声大笑，说：

"哦，这就是透过孩子的眼睛看世界！"

我时常在想，如果我们能通过一个尚未受到"何为美丑"观念影响的人的眼睛来看待这个世界，那会是怎样一番景象呢？我们知道，社会经历了一系列的潮流趋势演变和更替，影响着我们的着装和外表，但你有没有发现你对自己的看法曾发生了巨大的扭转？我记得有一段时间，我不涂睫毛膏就不出门，因为我觉得自己不涂睫毛膏的样子看起来很丑。后来我眼睛发炎了，一个星期都不能涂睫毛膏。头几天我都不想照镜子，但到了第四天，我对自己有了新的认识。突然间，我觉得自己未加修饰的眼睛很漂亮。从那天起，我便可以自如地决定是否要涂睫毛。这不再是一种义务，而是一种选择。

赛勒斯向我讲述了一个类似的故事，讲述了以一种新的方式定义自己后所感受到的期望之情。Ta/Ta 们说："美丽对我来说是一种极大的肯定。有时，我试图用化妆来掩盖自己的某些部位，对我来说，这样做是一种性别确认。但随着时间的推移，我与美的关系发生了变化，我对它的态度变得宽松得多。我曾经觉得，如果我要离开家，我必须确认我的性别，无论如何我都需要化妆。但有时候，我还是会觉得给整张脸化浓妆很有压力——比如当我和合作品牌一起参加活动的时候。在这个行业中,如果你不是顺性别①女性,你肯定会被要求化个完美无瑕的妆容。不要误解我的意思,带着从零用钱里匀出来的20美元去CVS药妆店②试妆能让我的心情不再晦暗,但有时我也会因为化妆而筋疲力尽。我们可以为美容行业的积极变化拍手相庆,同时承认它陷入困境的事实。解构审美规范是非常困难的,品牌把跨性别者或非二元性别者(尽管Ta/Ta们只是'看起来'是跨性别或非二元性别)纳入这一解构过程是否会有助于此,这还有待商榷。"

有很多方法可以让你更接近你自己的内心,更贴近你的个人喜好。无论是按摩一块妊娠纹,还是充满爱怜地梳理你的白发,还是抚弄你肚皮上的肉,用温柔而安全的方式抚摸你的身体,都是与你的身体重新建立联系的绝佳方式。尝试也是一种有力的手段:正如赛勒斯和我都经历过的那样,尝试不同的外观和审美是一种有趣的体验,可以帮助你发现自己的独特喜好。但当你尝试新事物的时候,一定要确保自己处于一个安全的、不受

---

① 顺性别,跨性别的反义词。通常是用来形容对自己的生理性别和生理特征完全接受,甚至喜爱的人,也可以指顺应自己的生理性别的意思。——编者注
② 美国一家连锁药妆店,成立于1963年。——编者注

评判的空间里。例如，我最喜欢进行尝试的场景之一就是度假，因为此时我可以脱离我的日常生活环境。

当我与斯蒂芬妮·耶博阿交谈时，她谈到了独自生活的主要乐趣之一是能够自在地处于裸体状态。当我问到如何与自己的身体重建联系时，她建议："光着身子在房子里走来走去。全裸，且始终都如此。每周一天，持续一个晚上。我一旦开始一个人住，就会这么做，很快我的身体就被我视为平常，无须为之留神。我不再关注我的胸部是否下垂或我的肚子看起来怎么样，我对我的裸体正常化看待了。这是一个很好的手段，帮助我看到自己身体本来的样子，而不是需要去修复的某物。花点时间赤身裸体，看看自己本来的样子，这感觉是如此亲切而有力。"

虽然常常会遇到困难，但超脱当前的流行趋势去掌控自己的身体会赋予你难以置信的力量感。情人眼里出西施，这意味着每个人的审美标准都是不同的。需要改变的往往不是我们的身体，而是我们的心态。

羞耻与内疚的两难

说了这么多，我的意思就是，尝试并不总是那么容易，想必对此大部分人都会感同身受。就像俗话说的，"做也错，不做也错"。很多时候，我们会觉得进退两难：我们要么因为花太多时间美化自己而感到羞愧，要么因为没有留出更多的"自我"时间而感到内疚。社会中的大多数设定都会导致这种双输局面。我把这称为"羞耻-内疚"难题。可以肯定的是，无论你的立场如何，总有人会说你错了。那么，我们怎样才能弄清楚自己真正想要什么，而不是根据别人灌输给我们的东西来评判自己呢？我们怎样才能对让自己最觉安心的事物产生好奇心呢？

在接受了腋毛的同一年，我的叛逆之心开始蠢蠢欲动，于是我决定把腿毛也留出来。我当时以为，腿毛就像腋毛一样，如果我习惯了它，我很快就会爱上它。剧透一下：我错了。我用了两年的时间把它们留长，眼看着自己的腿毛变得又长又黑又软。我在走红毯时把它们暴露在外，去海滩时也如此，还有几次把它们染成鲜艳的颜色，有一年夏天，我甚至在它们上面粘上了五颜六色的亮片（不得不说，那样还挺可爱）。

尽管我装作喜欢腿毛，但在内心深处，我并不喜欢。当然，不用花时间刮腿毛让我挺高兴。是的，能在剃须刀片上省钱，何乐而不为呢。这种对传统性别角色规定不屑一顾的做法也让我感觉痛快，但即使我留了两年的腿毛，我也不能说我爱上了它。我只是做了一件事，这件事与社会可接受的标准背道而驰，我做出了我自己的选择，至于其他的，都见鬼去吧！这种叛逆感也许让我觉得解恨，然而，我实际上并不喜欢我所做的选择。当我每天刮腿毛的时候，我为自己的所作所为不过在迎合过时的审美标准而感到失望；当我又想拥有光滑的双腿时，我却因为没能坚持我的"进步价值观"而感到沮丧。这两种截然相反的信念都让我感到内疚，而无论决定是否激进，我们都不应该为做出正确的决定而感到内疚。

我喜欢听赛勒斯发表对体毛的看法。Ta/Ta们解释说："决定保留面部毛发是一种自我主张的行为。因为尽管非二元性别身份在主流社会中还处于萌芽阶段，但对于非二元性别身份者应该是什么样子，已经有了社会标准。而现在，我已经明白了一个道理：化妆并不能让我成为非二元性别者，留胡子的我也可以成为非二元性别者。我迫切地认为，我们需要去性别化的外在形象。有时我照镜子时会想，我需要戴上环形耳环来衬托这头秀发,否则我看起来就'不够'流性别①。现在我会想,这种'足够'到底是针对谁的呢?"

我真的相信,你能做的最激进、最叛逆的事情之一就是对自己的身体保持中立。我们的身体经常扮演着不同观念之争的战场,被各方武器化和政治化。如果能放下包袱,让自己的身体保持中立,那会是什么感觉?能否让你的审美选择仅仅是简单的选择,而不是让它们成为你在无关问题上的信仰旗帜?能否在体毛和化妆等问题上,对自己和他人不加评判地对待?忘记社会的想法——我指的是整个社会的想法,无论是最保守的还是最前卫的。我想要你问问自己:什么对你的生活最有意义?

中立制胜

关于我的腿毛去留的经历,一点很酷的收获是:我对它的依赖比以前少了很多。是的,我更喜欢穿迷你裙时腿上没有毛,但我不像以前那样每天都刮腿毛了。事

---

① "流性别"(gender-fluid)指一个人的性别认同不固定,可能在不同时间、情境下变化,不局限于传统的男性或女性二元性别框架。——译者注

实上,我已经不再为体毛而烦恼了。如今,我任由腿上的毛发自由生长,当要出席重大场合,我知道自己得露腿时,我就会在浴室里脱毛。我不介意穿短裤时露出腿上的毛茬儿,也不会在小腿没有被遮住的时候慌慌张张地刮毛,我的腿毛不再让我感到肮脏或羞耻,但也不会让我感到骄傲或叛逆。我对它们保持中立:有时候可以有毛,有时候可以没有,这由我来决定。虽然有无腿毛看似微不足道,但这是一种令人难以置信的自由感觉。我不再"必须"脱毛,而是"可以"脱毛——按照我的时间,按照我的条件,按照我的方式去做便可。

这就是为什么越接近中立的状态越会让人受益匪浅,它释放了我们大脑的空间,让我们能够减少对身体的关注,更多地关注情感、精神和心理状况:这会让我们成为更好的自己,让我们的生活更加丰富多彩。在探索中立的过程中,在安全的前提下自行尝试是一种很有帮助的做法。你不必留两年的腿毛,也许只需留一个月。你不必一开始就扔掉家里所有的秤,也许只在这个夏天把它们藏起来。打破你自己的审美标准,并关注这对你有何意义,这便是一种解放。

有一年,我度过了一个远离网络的假期,以进行一番心灵探索。我在丛林深处住了一周，那里只能步行前往，没有电，没有自来水，没有手机信号，也没有镜子。虽然我原计划每天早上用手持小镜子或手机照照自己，但一到那里，我就有一种冲动，想看看自己能不能坚持一周都不看自己的脸。我被这种强烈的体验震惊了。到了第三天，我对自己的外表已经感到十分超然，我注意到，这甚至改变了我与新朋友交往的方式。我觉得自己更自我了，意识更淡薄了，也更自由了。我不再在意自己的外表，而是专注于与人建立联系。我说这个故事，并不是要你跋涉到丛林里，扔掉你的手机，但如果你发现自己总是担心自己的外表，或者花很多时间在镜子前自责，那么把家里的镜子盖上一周，会是什么感觉？限制自己盯着镜子看的时间又会是什么感觉？

试试这个！

第一步：你对自己的外表有什么想要探索的？这可以是任何事情，从你的头发长度，到化妆，再到露腿——任何你觉得在意并想要尝试的事情。以上述镜子的故事为例，和我一起来尝试吧。

第二步：与你现在外表相反的另一个极端会是什么样子？想到这一点，你感觉如何？这就像想象自己永远不去照镜子一样。

第三步：想想两个极端的中间地带会是什么样子。这让你感觉如何？那就好比一个月只照一次镜子。

第四步：不断探索，直到你得到一个感觉可以接受的变化点为止。这个点在哪儿？对我来说，就是一个星期不照镜子。

第五步：现在想一想，在什么时间、什么地点，你可以安全地将这个尝试付诸实践。对我来说，只有在远离社交媒体和工作的丛林中，我才能放心地把镜子收起来。

创造一个让你感觉得到庇护的环境，然后试一试！你可能会对自己的发现感到惊讶。

与你的意图相连

人们选择改变自己外貌的原因有很多,小到改变发色,大到整容手术,都有原因。我们无权评判他们的决定。我知道很多人对注射肉毒杆菌有意见:在他们看来,任何类型的注射都不应被允许,他们认为注射肉毒杆菌的人一定不爱自己。坦白讲,我认为这是胡说八道。我全心全意地相信,你可以打肉毒杆菌,也可以做任何整容手术,但你仍然可以爱自己。我也不认为制定武断的规则和让人感到内疚的硬性规定会对此有所帮助。如果我让你为自己刚打的肉毒杆菌感到内疚,你会更愿意接受我的身体中立思想吗?还是说你会更愿意去找那些和你一样热衷于肉毒杆菌的伙伴互诉衷肠?你的答案很可能是后者!

是否有人试图用整形手术来掩盖自己内心深处的羞耻感?当然有。又是否有人用整容作为改善自己的手段,让自己感觉更从容、舒适?当然也有。我们能为自己做的,就是审视我们渴望改变的背后所隐藏的意图,以及我们对结果的期望。

我喜欢和我的朋友尼娜·科索夫聊天,Ta/Ta 们是定居于纽约市的一位策略师、顾问、合作者和演讲者,Ta/Ta 们谈到了自己的上身性别确认手术(top surgery)①。Ta/Ta 们解释说:"我的身份认同是非二元性别者,我想说的是,在性别认知方面,我和我的身体之间的关系一直都很简单。因此,我决定做胸部整形手术的过程并不复杂。对我来说,有任何形态的胸部都是一种困扰。我讨厌戴着运动胸罩跑步。虽然我困扰于此,但这并不是我注意力的全部——我也想在其他方面与自己的身体建立联系,因此我并没有过分纠结于那些让我感觉不好的部位。做完手术后,我觉得'哦,太好了'。我不喜欢我的这一部分,于是我修复了它,现在我将这样继续我的余生。"

我很赞同尼娜的中立态度。对自己的身体做出任何改变都与他人无关。"如果我们把身体看作一种中立之物,那么谁会在乎你是否改变它呢?"Ta/Ta 们问道,"如果有人告诉你'不要对自己的身体做任何改变,要爱自己的本来面目',这恰是自爱变得有毒之始由。我的本能反应是,如果这种改变能让我对身体的感觉更舒适,我

---

① 指为了和自身性别认同匹配而切除乳房或隆胸的手术。——译者注

第 3 章 自有理由的叛逆

为什么要在意呢？人们之所以对自己的身体进行调整，其中有性别确认的原因，而这不仅仅是变性者和非二元性别者的问题。所有性别的人都会选择做身体改造手术来明确自己的性别特征。他们会植入填充物、吸脂或进行鼻部整形手术。'你的身体是你的本质所在，因此你不应觉得有必要改变它'，这种说法收获很多赞同，可是反过来想：如果它只是一个外壳、一副皮囊，谁又会在乎我是否改变它呢？我的手术就像选择穿一件柔软且可爱的T恤，而不是一件难看而材质令人发痒的T恤。我感觉更舒服了，仅此而已。如果有什么东西能让你每天都感觉更好，那为什么不做呢？"

我想到了最近从我的一位关注者那里收到的一封短笺，它可作为一个例子，说明对于"为什么要改变身体，又如何做到这一点"这个问题，答案并不是非黑即白的。

哦，身体中立的传道者啊——我在挣扎、纠结之中。两个多星期前，我做了缩胸手术。这是我十多年来一直企盼的。我的胸围是38H，这已经影响了我的生活：我会系不好安全带；我找不到不会让我流血的胸罩；我的胸部甚至快要垂到肚脐下面了。

我很满意它们手术后的样子。但是,当我通过手术改变自己的身体时,我如何将这种行为与"尊重自己的身体"这一观念相协调?如果我尊重我的身体在手术前的样子,那我为什么要永久地改变它?我现在对自己的身体很满意,但这代表我以前对它不满意,对吗?还是说我只是因为胸变小了才高兴的?

这封信可伤透了我的心。我赞同"身体中立"的理念,但我绝不希望它被理解为:我们应该为自己的身体做出有益的选择而感到内疚或羞愧。这种选择自然包括身体改造。改变我们的身体本质上并不是"错误"的,就像把头发染成不同的颜色并不是背叛我们的天性一样。比起审视我们所做的选择,我们更应该审视我们做出这些选择的初衷。

人们可能很容易相信,鼻子小一点、屁股大一点或皱纹少一点,就能让自己感觉焕然一新。然而,我们在外表上所做的一切,很少会对我们的内在产生真正的长期影响。你是否是因为某种压力才做出这一决定呢?坦诚面对这一点也是很有帮助的。在做出可能带有风险因素的永久性改变时,在为什么要做手术这一点上应对自己坦诚相待。如果这么做是为了别人，或者因为你认为这会让你更受欢迎、更有吸引力或更容易被别人接受，那么你的出发点可能并不中立。

如果你正在考虑进行手术或任何身体改造，那么了解自己的意图和期望是非常有用的一步。以下是一些有助于你做出决定的问题。

- ★ 这种改变背后是否有功能性的原因？你的主要目的是让你的生活更舒适（身体上或心理上）还是更实用？
- ★ 当你念及"不做"手术时，你有什么感觉？保持现在的身体状态是否让你觉得可耻？如果是，请尝试通过身体中立的步骤（承认、探索和重建联系），看看这样做会给你带来什么。
- ★ 你希望从身体改造中得到什么？你的最终目的或目标是什么？你认为除了你所做的身体上的改变外，你的生活还会因此有哪些不同？

最后，我希望这一章向你阐明的是，勇于尝试和保持对自己和身体的好奇心往往是有价值的。有时候，那些让我们觉得最容易接纳的东西，是我们在成长过程中所见的、感觉最熟悉的东西。但这并不意味着它们就是正确的，当然也不意味着它们在日后始终对我们有利。如果你能跳出条条框框的束缚，质疑一些你认为正确的美丽标准，你可能会得到什么？记住，如果感觉不自在，你不必非要如此——但是尝试的过程可能会改变你的心态。

第 4 章
童年故事

许多女性告诉我,
最让她们感到不安的是那些与她们关系密切之人的评论,
比如朋友和家人。
要对抗这些评论太难了……

风起于青蘋之末

我在密苏里州一个名叫费斯特斯的通途小镇上出生和长大。费斯特斯是一个典型的美国小镇,像大多数地方一样,是食物让家人们相聚一堂。晚餐通常是在家里或在爷爷奶奶家进行的,我们围坐在桌子旁,吃着爷爷最拿手的排骨和奶奶最拿手的馅饼。当手头宽裕的时候,我们会在周日做完礼拜后在外面吃晚饭,每周一次。像所有体面的中西部人一样,我们每餐都吃肉和土豆。不幸的是,我是其中少数讨厌土豆的人之一。自孩提时代起，土豆的口感就令我作呕，直到今天，我都无法忍受它们。但考虑到我儿时，孩子们总会被鼓励不浪费食物，我基本上每餐都被迫吃土豆，每次我都会对着装满土豆的盘子欲哭无泪，不情愿地咬上一口，然后恶心得直呕。每顿饭我都因为"太过浮夸"的行为而陷入麻烦（坦白讲，我的表现通常都很夸张——但这是我唯一没有刻意"表演"的情况），我被罚坐在桌子旁不准走，直到吃完晚饭。我往往就这样寂寞地熬过了一个小时，直到我爸爸又饿着肚子走过来，帮我把这些土豆吃掉。

因此，我成了家里的"挑食鬼"。我被贴上的标签是"饮食习惯有问题的难伺候的孩子"，而不是"只是不喜欢某些食物的固执孩子"。专注研究母婴营养和饮食失调的注册营养师、"喂养幼童"（Feeding Littles）平台的共同所有者梅根·麦克纳米（Megan McNamee）对此解释说："家长们常常忘记，每个人——包括孩子，都有自己独特的味觉。我认为家长们总是设想，如果他们喜欢这种食物，而且这种食物对他们来说味道不错，那么他们的孩子也应该吃这种食物。但他们不知道孩子们的身体正在体验什么，也不知道孩子们吃起这种食物来是什么味道。有些人不喜欢嚼蓝莓，因为他们不喜欢那种浆果在嘴里被压扁的感觉。至少有 4% 的人有一种基因，它会让香菜吃起来像肥皂。有些人对苦味食物的品尝能力超强，所以他们吃起甘蓝或西兰花来真的感觉很恶心。这不是顽固、任性，孩子们的喜好是有其缘由的。"

梅根向我解释了父母给孩子施加的饮食压力事实上是多么适得其反。研究表明，清空盘子的压力不仅会导致营养不良，也可能导致暴饮暴食，用更多的食物来奖励吃光的行为（"你必须吃光所有的饭菜才能得到甜点"）会强化不良的饮食习惯，而称孩子为"问题儿童"或"挑食儿童"会进一步加重他们对饮食的挑剔行为。

孩提时代便围绕着我们的身体话题对我们成年后如何看待自己的身体有着巨大的影响。正如梅根所解释的："我的很多客户第一次了解节食都是在家庭情境中。"和许多人一样，节食的话题也充斥着我的家庭，渗透到我的成长过程中。它很隐晦含蓄——我们并没有做很多限制饮食或卡路里计算之类的事情。但它始终存在：当我们在游泳池对各自身材抨击一番时，当我们给甜点贴上"坏东西"的标签时，或者把胖视为一种不幸时，它便悄然显现。在餐桌上，我的挑食固然让大人们烦心，但他们也会因为我展现的"自制力"和娇小的体形而有些隐约羡慕我。大家都喜欢我，因为我生得小巧而可爱：我总是被托在啦啦队金字塔组合舞蹈动作的"顶端"；我哥哥的女朋友们把我当成她们的洋娃娃；我得到的任何赞美都集中在我体形有多小巧上。我记得自己害怕身形变大，甚至害怕长大，因为那样谁还会对我上心？那我会是谁？甚至在我进入青少年阶段之前，我就已经得出结论：体形娇小就是我在这个世界上的价值，长胖或变壮都是不可接受的。

我先把话说清楚——我不想让人觉得这是在说："哦，我是个可怜的小宝贝，我是如此苗条和娇小，请为我感到难过！"我不是这个意思。我希望这个故事传达的是，我们对孩子身体的评价会持续影响他们的一生。孩子不仅仅拥有他们的身体（我们都不仅仅如此！），当我们过分关注他们的体形（无论大小）时，也就教会了他们：这就是他们的身份和价值所在。我们忘记了他们的兴趣、梦想和目标，将这些束之高阁，阻碍了他们的发展。于是各种刻板印象层出不穷：娇小姑娘该去跳舞，胖小子总是很逗趣，壮小伙肯定热爱运动。

当我采访美国饮食失调联盟（National Alliance for Eating Disorders）的创始人乔安娜·坎德尔（Johanna Kandel）时，她向我讲述了她的饮食失调是如何开始的这个令人辛酸的故事。她解释说："3岁时，我走路时腿习惯性呈内八字，于是父母让我去学芭蕾舞，结果我爱上了芭蕾舞，最后上了一所特殊的表演艺术中学。我11岁那年，专业舞团的艺术总监告诉我们要进行一次大型试演，需要我们在试演前减肥。我记得那天晚上我和妈妈一起上了车，然后告诉她我要吃健康食品，要多吃水果和蔬菜。如果你的孩子说他们想吃得健康，你一定会不假思索地支持。但随着时间的推移，我的饮食限制越来越多，到了一定程度，就演变成了长达10年的饮食失调，这期间自杀未遂和心脏骤停都曾令我的生命受到威胁。艺术总监那区区一句意见，就让我的人生在如此年轻的时刻便走上了身心失衡的道路。"乔安娜的故事就是一个生动的例子，说明了微不足道的小事如何产生巨大的影响。

以下是五种与孩子互动的中立方式，不会以身份、能力或外表来衡量他们的价值。

- ★ 你在玩什么？你能告诉我怎么玩吗？
- ★ 跟我说说你的朋友吧！
- ★ 你更愿意拥有哪一个：让你飞起来的翅膀，还是让你跑得超快的鞋子？
- ★ 今天和你在一起很开心！
- ★ 什么事总能让你开怀大笑？

打破恶性循环

我还记得第一次和妈妈一起参加减肥聚会的情景。那时我大约12岁，我爸爸几年前去世了，她正准备再婚，这意味着她浏览的每本婚礼杂志都告诉她"需要瘦一点"。减肥聚会是通过我们的教会进行的，是一个"研读圣经和节食"的项目。我不记得自己为什么会去参加——我当时仍然是个身材瘦小的孩子，但那天我参加了。我记得班长拿出了一个硅胶模型，让我看脂肪是什么样子的，那东西又丑又恶心，让我反胃。从那天起，我就知道脂肪是一种可怕的东西。也是从那天起，我开始通过在脑海中回忆那个硅胶模型来抑制我的食欲,让我不再想吃"坏食物"。

在讲述这个故事时,我需要说明的是,我并不责怪我的母亲——不责怪她的饮食习惯,不责怪她带我去参加这些聚会,也不会为我日后生活中出现的任何问题责怪她。像许多父母一样,她尽其所能,以她所知的最好方式抚养我长大。"许多女性告诉我,最让她们感到不安的是那些与她们关系密切之人的评论,比如朋友和家人——通常是妈妈、奶奶和阿姨。要对抗这些评论太难了,"亚历克莎·莱特向我解释道,"但我认为我们需要明白,他们也是环境的产物。他们中的许多人一生都在面对'必须瘦'的观念。我认为,如果你能意识到问题出在他们身上,并对他们抱有同理心,那么我希望你秉持更合理的立场,将那些评论从自己的身上'弹走',而不是将它们内化。但这很难,也不是一朝一夕的事情。这需要付诸实践。"

我妈妈所做的一切都是出于爱和善意。当然,也许事后看来,有些事情如果可以重来,她会想改变做法。但哪个父母不会呢?我们都在不断学习和改进自己教育孩子的方法。妈妈,我爱你,我感谢我们在一起的每一次经历。为人父母已经很不容易了，没有必要再开始对此指指点点，读到这篇文章的父母都应该拍拍自己的肩膀，给自己鼓鼓劲，只为你们能有幸读到这几页。你们正在努力打破世代相传的"都怪父母"的恶性循环，这本身就是一件美好的事情。

作为父母、照顾者或监护者，如果我们想为年轻一代打破这种循环，那么意识到自己与食物的关系就是我们需要迈出的第一步。"培养这方面的意识可能真的很困难，当原本热衷于节食的我们开始了解非节食的方法时，可能会产生很多负罪感，"梅根解释道，"你可能会想：'天哪！是不是太晚了，我把我的孩子搞砸了。'但你总是可以和他们谈谈，比如：'我知道你看见了我称食物的重量，我意识到这对我不好，我不想再这样对待食物了。'或者说：'我现在想倾听自己和自己身体的声音，吃让我感觉好的食物，你也可以这样做。'孩子们的适应能力很强，即使你并未一直以最积极的方式对待食物，那也不至于万事皆休。有些事情谁也说不准。"

我希望当大家读这一章，从中认识到孩子们如何形成对食物的观念，并对此加以探索的时候，你也会有机会反思你成长过程中的与食物相关的故事，并考虑它们现在是如何仍然影响着你的。下面有一些问题可以供你参考。

* 你小时候的用餐时间是怎样的？你和家人是一起吃的还是单独吃的？你喜欢你吃的食物吗？
* 积极的用餐时刻是什么样的？消极的用餐时刻是什么样的？
* 当你年轻的时候，你的身体是如何被评头论足的？这些评论对你现在看待自己的方式有什么影响？
* 你当时认为哪些食物是"坏"的？哪些食物是"好"的？如今你如何看待这些食物？
* 你的家庭成员（包括过去的几代人）与他们自己的身体有着什么样的关系？

家门之外

即使身为成年人的我们在生活中与孩子谈论身体时能够完全保持中立，但现实的困难之处在于，我们无法让他们免受家庭之外发生的身体话题的影响。"实际上，我有一个9岁的孩子，他的朋友们已经在谈论节食了。说起这件事，我真的觉得很气愤，因为它发生得太早了。我从中得到的教训就是，来自外部世界的信息比我们想象的来得更早、更猛烈。"梅根说道。

学校是我们许多人第一次见识到人类有多少种不同体形、体态的地方。如果孩子们在体育课或选拔赛上看到身材娇小者受到表扬，他们就会认为娇小的身材更好。如果他们被告知自己的运动方式是不正确的或没有价值的，那么他们很可能会与运动产生消极的关系。与我交谈过的几乎每个人都有一段早年学生时代的记忆，这段记忆影响了他们与自己身体的关系，而这种影响持续了数年乃至数十年。

尼娜·科索夫回忆道："当我还是个孩子的时候，我和运动的关系就被毁了，因为我的体育老师很糟糕。课上我们排成一列，被迫做尽可能多的引体向上，以比较我们的体能。对我来说，这个数字是零，这段经历让我觉得自己一无是处。到七年级的时候，我已经坚持练习游泳很长时间了，在那之后的许多年里，我一直是一名竞技游泳运动员。但因为我的体形，我的体育老师会在课堂上叫我出列，并且说：'你一周内有 6 天都在游泳，为什么就不能跑完 1 英里①呢？'他们完全不了解跑步和游泳是截然不同的运动。而对我来说，这句话的潜台词是，我做什么运动都没用，因为我并未以他们规定的方式运动。"

糟糕的还不仅仅是学校。医生的诊疗室是另一个让很多人很早就体验到身体羞耻的地方。"我的故事可以从一位医生告诉我要减肥来说起，"艾丽·杜瓦尔回忆说，"我对此深信不疑，因为那是一个专业权威，在我们社区是意见领袖。所以，如果他说我需要在 11 岁时，甚至在我还没有进入青春期之前要限制饮食，我就会毫不犹豫地报名参加'体重观察者'减肥班。那次经历引发了我的饮食失调，带来了持续多年的痛苦。"

过去十年来，我们全天候随时在线的数字文化已改变了我们与各种信息的互动方式，对儿童和青少年来说更是如此。全球每三个互联网用户中就有一个是 18 岁以下的青少年，他们接触有害和令人不安的内容的概率会随着他们使用互联网的娴熟程度的增加而增加。蔡斯·班尼斯特（持证临床社会工作者，也是饮食失调研究、政策与行动联盟的董事会主席）说："我对网上大量支持厌

---

① 1 英里 ≈ 1.61 千米。——编者注

食症或支持暴食症的内容并不感到惊讶。当你想到有多少人正在为此遭受痛苦时，仅仅建议说不应该有这样的网站，就等于说不应该有精神疾病一样。在这种情况下使用'好'或'坏'的措辞时，我总是非常小心谨慎。一个支持饮食失调的网站可能就是我们能找到关注对象的地方。尽管这些内容有可能引发更多的伤害性行为，但我们还是要谨慎，不要因为创作者的精神疾病而羞辱他们。"

令蔡斯感到惊讶的是，社交媒体公司是如何利用这些内容生成的高参与度来进行变现的。"我们现在知道，社交媒体公司正通过与这些支持厌食症和暴食症相关的广告赚取大量金钱。他们非但不设法限制这些内容的传播，反而利用这些内容在儿童中的流行来牟利，这是不可取的。"蔡斯向我解释道。

对于任何希望保护年轻一代的人士，这样的故事似乎都很令人悚然。虽然我们无法，也不希望对孩子们的一举一动都进行监管，但这并不代表我们就对此无能为力。当他们在处理与身体和食物的关系时，我们可以给他们建立中立思维的基础。这些固有价值观也许未必不可动摇，而且要建立新的价值观也并非一日之功。了解人们有不同的方式来感知身体，并认识到面对食物不必充满道德评判，可以提高孩子们的心理健康水平，降低饮食失调行为发生率。

"我们只能控制自己在家里的一言一行。不过这比他们在外面世界看到的更有影响力。"梅根安慰我说。我们有能力改变这种叙事，为了我们自己，也为了子孙后代。

放眼未来

我在此想到了我们的后代。我们所有人，无论是否为人父母，都有责任为他们创造一个更美好的世界。首先，我有必要强调下关于用词的说明：在接下来的故事中，当我写到"女孩"和"男孩"时，我是从他们出生时的生理性别的角度来描述的，而不是从性别认同的角度来描述的。我很幸运，家里有13个侄辈（侄女和侄子），其中有10个女孩，有3个男孩。在我的成长过程中，周围同辈都是男孩——迈耶斯家族几代人里都没有女孩出生，直到我和我的表妹诞生。因此，等到我的兄弟们开始成家，我们家有了更多女孩时，我高兴坏了。几年前，我请人看了我的出生星盘，我的星盘显示，我来到这个世界上的使命是为我家族中的女性打破世代相传的思维循环，这个说法让我记忆犹新。当我开始推进个人健身平台 be.come 项目时，我的侄女们总是在我的脑海中浮现：我想让她们进行这项训练吗？我希望她们听到我谈论自己身体的方式吗？在写这本书的时候，我也想到了家族里所有的女性：我希望她们读到这些文字吗？这些书中的实践能帮助她们接受自己的身体吗？我们的身体中立之旅如何影响后面的一代又一代呢？

为年轻人树立身体中立观念的最佳方式就是在我们自己的生活中以身作则，践行身体中立。艾丽解释说："我们最近推出了一项家长身体形象计划，这是我们在 Equip Health[①] 上面为家庭提供的服务。这样，家长就可以在支持孩子接受治疗的同时，审视自己与身体的关系，并努力改善这种关系。这一点至关重要，因为如果一个孩子努力塑造自己的身体形象，但回到家中却要身处一个不支持这种塑造的环境中，那改变对他们来说将是非常艰难的。"

那么，这是否意味着，在与孩子们互动之前，我们在无论何种情况下都必须掌握中立、积极或接纳的态度？当然不是！这是不可能达到的标准，孩子们并不需要我们做到完美，而是需要我们向他们展示如何成长、改变

---

① Equip Health：以家庭为基础的饮食失调治疗线上护理团队。——编者注

和学习，需要我们告诉他们，即便有时保持身体中立真的很难，也没关系。梅根的建议是："即使我们还在为自己达成身体中立而努力，我们也可以让他们认为这是件值得骄傲的事。"

在实践中，这意味着我们要注意在年轻人面前描述身体、饮食和健康时所使用的措辞。正如梅根所说："我最重要的建议是，如果你不能当着孩子的面对镜中自己的身体说任何好话，那就什么也别说。或者至少当你在孩子面前谈论自己时，尽力保持你的用词是中立的。"

为了让你有个好的开始，下次与年轻的孩子们一起穿衣或购物时，你可以通过以下一些身体中立的方式来谈论服装。比如，尝试关注衣服的功能。

- ★ 这件衣服让我暖和。
- ★ 穿上这条裙子，我感觉非常舒适。
- ★ 这条裤子让我感觉身体得到了支撑。
- ★ 这件衣服已经不适合我了，所以我要穿别的。
- ★ 我要试穿大一号的衣服，这样我的身体就能更自由地活动了。

不过，这并不意味着我们得在所有关于身体的对话中缄默不言，或完全避免谈论身体。我经常想起艾丽与我分享的一个故事，她说："这个周末我在游泳池，一个孩子对我的身体发表了评论。对孩子来说，描述他们所观察到的事物是一种与发育相适应的能力，但对父母来说，听到孩子说'天哪，那个人好胖！肚子好大'时，父母会试图阻止孩子谈论这个话题，而这可能会改变孩子对身材接受度的理解，这会让胖成为一种禁忌。回到周末的泳池之旅，当有孩子对我这么说，我对此回答道：'我知道！我有个大肚子，你有个小肚子。我们的身体都不一样，这多酷啊！'他的父母和兄弟姐妹们都表示认同，并反复强调了'我们的身体不同，这很酷'这句话。这是一个具有特殊意义的时刻。在这一时刻我们看到了一种转变，人们不仅对自己的身体采取中立的态度，对其他人的身体也是如此。"

凭直觉进食

饮食方面，我主要遵循直觉进食的原则。简而言之，就是饿了就吃，饱了就停，找到对你而言感觉良好的食物，不要让吃什么左右你的生活。我们的身体蕴含着无穷的智慧，我们可以相信自己的身体会吃下适量的食物。"孩子们天生就会凭直觉进食。一些遗传问题可能会使他们难以倾听内心的暗示，但大多数健康的孩子生来就知道自己的身体需要什么营养，"梅根解释说，"如果我们自己在与食物的关系上存在问题，那么有了孩子之后就能得到治愈，因为你从他们降生起就能看到他们是如何听从身体的指引的。"

宝宝饿了会哭，饱了会拒食。如果有一天宝宝用奶瓶喝奶的时间略长，我们也不会对他们进行卡路里摄入量的说教。我们允许他们吃，因为孩子饿了，我们不想让他们挨饿。让我感到困惑的是，我们信任婴儿，却很难信任我们自己。我们常常在饥饿时也限制自己的食物摄入量，但饥饿是我们身体的第一生存信号。

根据直觉进食原则喂养孩子的一种方法是婴儿自主断奶法，这是一种让婴儿自己学会进食固体食物的方法。这种方法的理念是赋予孩子们权力，让他们对食物有一定程度的自主权，从而为他们与自己的身体建立更和谐、更少羞耻感的关系来奠定基础。在学习咀嚼和吞咽的过程中，宝宝可以选择自己想吃多少、想吃什么，而不是由别人来控制每一口食物。梅根说："教婴儿断奶的方式非常灵活，虽然这并不是对每个人都100%有效，但我们希望家长尽可能鼓励婴儿自主进食。"

婴儿自主断奶法并不是喂养孩子的唯一方法，也不能立马解决孩子未来所有的食物问题——说到底，吃得饱的宝宝才是最好的宝宝。但回顾一下我们如何给婴儿开始喂养糊状物的历史，还是很有意思的。梅根继续说："在我对婴儿喂养的研究中，最匪夷所思的是，我们那些表面上久经检验的官方建议，其科学依据竟是如此薄弱。当我还在上大学时，我认为我们给婴儿喂食糊状物的方式是基于一些长期积累的研究。但当我开始深入研究文献时，我发现支持这种断奶模式的研究竟然为零。每项研究要么会提到婴儿喂养遵循这种模式是'传统'，要么就会将其描述为'典型'或'习惯'。没有任何科学逻辑可言，我很震惊。我们为什么要这样做？"

当我准备为人父母时，我很喜欢研究所有与孩子和食物有关的东西。我关注了几个育儿食品博客，如"喂养幼童"（Feeding Littles）、"扎实的起点"（Solid Starts）、"孩子们的彩色饮食"（Kids Eat in Color）等。我对婴儿车或婴儿床一无所知，却已经掌握了一些可以在蹒跚学步的孩子身上尝试的食谱（同时我也深知，当我为人父母时，我最大的老师就是我的孩子）。让我大吃一惊的是，这些研究对作为一个成年人的我来说帮助也如此之大。我想这就是为什么我想在这本书中提供所有这些信息——我并不指望每个读这本书的人都会对婴儿自主断奶法感兴趣，但是学习儿童积极喂养技巧对于我在自己身上应用积极进食技巧亦有帮助。

例如，针对挑食幼儿的一个建议是，让他们参与买菜过程，与他们一起做饭，甚至在花园里种菜，帮助他们接触尽可能多的食物。我知道，如果我能参与挑选食物的过程，我对冰箱里食物的接受程度会提高99%。最近，我一直在庭院小花园里种植蔬菜，在此之前，我从来没有这么喜欢吃番茄。我一直努力将食物与"好"或"坏"的评价分开，而我现在有了更多的选择，因为我允许自己对身体的饥饿暗示做出反应。原来，我对糖的渴望主要是因为那一天中没有摄入足够的脂肪。

我从幼儿挑食应对手册中借鉴的另一个方法是不要把你的盘子盛得太满。尤其是当你尝试一种新的食物或你不喜欢的食物时，在盘子里只放一点点，会让你感觉不那么害怕，并能鼓励你去尝试它。在我饮食失调的康复过程中,这些措施对我至关重要。在我开始吃东西之前,我经常会感到恶心,但只吃一点点就可以让我吃下盘子里的东西,并鼓励我再吃第二份和第三份。它帮助我更好地获得营养,建立我的食欲,增强我的味觉。

"我们都受过这样的思维方式的影响:如果我们不以一种完美的方式进食,我们就不能茁壮成长,但孩子们有很多方法可以茁壮成长,"梅根反思道,"孩子们从小可以了解人们对食物和饮食的不同看法,在我们的家庭里,我们听从身体的指示。我们不计算卡路里;我们不会因为试图改变我们的身体或试图让自己变得娇小而省略食物种类;我们赞美身体的能力,不管这些能力是什么,我们赞美我们身体上的不同;我们可以告诉他们,他们在家会听到与外面不同的信息。但这就是我们所做的。这些价值观可以真正武装他们,帮助他们面对家庭之外的挑战。"我经常想起这些话。我发现它们非常鼓舞人心,无论你是把它们用在自己身上,还是用在有孩子的家庭中。

将近35年前,我就被贴上了挑食的标签,现在,我找回了自信,不再因挑食而不安。这帮助我解决了食物焦虑问题,让我能够适应自己的身体,并在饮食中找到乐趣。也许我仍然不喜欢做饭,但我比以前更喜欢进食了。它开阔了我的眼界,了解到家庭内外的环境如何从根本上影响我们与食物和身体的关系 —— 我希望这能帮助我完成我所坚信的使命,并为下一代打破这一枷锁。

第 5 章
运动中立

运动可以是穿着内衣在客厅里跳舞,
可以是和我的狗一起散步,
可以是和我的侄子、侄女们在游泳池里游泳,
可以是在紧张的一天后转动头部来释放颈部压力。

一切从运动开始

如果你在我更年轻时告诉我,我会从事健身行业,我一定会笑你胡说八道。教人锻炼?想都别想。但到了2009年初,经济衰退势不可挡,招聘市场一职难求。因此当我接到一个电话,让我去一家新的健身工作室负责管理和指导课程时,我就去应聘了,然后得到了这份工作。第二天我就开始了我的第一堂认证课,但当时我甚至还不知道我会教什么样的健身课程,也不知道自己是否擅长。每当回想起这段时光,我都会惊叹于自己是如此偶然地从事了这份职业,以及它对我的生活、健康和幸福产生了多么巨大的影响——无论好坏。

健身教练的工作成了掩盖我个人生活真实情况的伪装。我在工作室的新工作极其糟糕:每周工作7天,每天工作12个小时以上;老板的想法变来变去,根本不把我的利益放在心上。然后,等我回到家里,又陷入了一段被毒品和争吵充斥的虐恋。在新开的热门精品工作室担任首席健身教练给我的生活蒙上了一层虚假的光环,成了我为自己的自残行为开脱的理由。我开始吃得越来越少,服用阿德拉(Adderall)①的次数越来越多。我没完没了地抽烟,每天锻炼时间过长。我以咖啡和脆米饼为生。其他饭菜的摄入都会让我呕吐。我经常头晕,我记得我最喜欢的授课地点是芭蕾把杆旁,这样我就能有东西来扶着。我病得很厉害,却因为健美的身形和六块腹肌而广受称赞。

我现在之所以如此坚持不评论别人的身材,包括减肥成功者,其中一个原因就是你永远不知道别人是采取了什么措施才变成那样的。我希望听到的不是"你看起

---

① 一种治疗注意力缺失/多动症的处方药物,其主要成分是安非他命。——译者注

来棒极了",而是"嘿,你还好吗"。现在想来,这句真正的关心也许能帮助我更快地恢复过来。可事与愿违,我的照片被钉在墙上,成为我们的客户应该努力效仿的榜样。直到今天,我都为自己说过的那些关于实现理想身材的谎言而感到羞愧不已。

那时我的生活可能被很多黑暗笼罩着,但也有很多光明。正是在这段时间里,我意识到了自己的优势和对教学的热情。尽管我的内心一直在挣扎,但我与工作室的人们结下了深厚的友谊,其中许多人现在仍是我的朋友。运动的核心——肢体探索、动作创编——让我至今受用。这是属于我的艺术。一旦我开始重新规划我的训练,一旦我把重点放在我的感觉,而不是我的外表上,一切都截然不同了。通过运动,我治愈了困扰我多年的旧伤,我更透彻地了解了自己的身体机理及其功能,我对我身体与生俱来的需求和生理渴望有了更加直观的认识。我还借助运动增强了核心力量,打开了髋部,调整了颈部的顺位。我从中收获了挺拔的身姿以及更舒展的肢体。我会为自己的手指和脚趾以及从这些细小的附肢末梢唤起的巨大能量而惊叹。通过运动,我释放了情绪,点燃了情绪,疏导了情绪。我学会了教学,与他人建立了深厚的羁绊，并开创了自己的事业。由此看来，运动注定是我毕生的事业，而在其中找到一种中立的，甚至是快乐的运动方法已经改变了我的一切，包括我的事业、我的自我价值和我所有的人际关系。

从某种程度上说，这一章就是我写作本书的原因所在。一切都始于运动。在我的人生旅途中，我认识到运动本身是中立的，没有好坏之分。行走、舒展、拉伸、收缩、扭动、抬起和拉动的能力是生理功能，而不是价值表现。实际上，这也是我倾向于使用"运动"（movement）一词而不是"锻炼"（exercise）或"训练"（workout）的原因之一。这并不是说另外两个词有什么不好，你也不需要把它们从你的词汇库中删除。而是说，重新看待它们是否有助于你重新定义它们？对我来说，"训练"就是在一个类似于健身房的地方，在规定的时间内做一些弓步和深蹲之类的动作。而"锻炼"就是穿上紧身裤，把身体扭成各种伸展性的姿势，或者数着动作的次数，体会肌肉的燃烧感。"运动"则体现了尊重身体的方式，拥有更多的内涵。运动可以是穿着内衣在客厅里跳舞，可以是和我的狗一起散步，可以是和我的侄子、侄女们在游泳池里游泳，可以是在紧张的一天后转动头部来释放颈部压力。运动当然也包括去健身房深蹲、弓步、穿上紧身裤并计算动作次数。对你来说，它可以意味着完全不同的一件事：运动意味着自我表达，对每个人而言都有其独特性和个性化。所有的运动，无论强度大小、持续时间长短，都是有效的。

什么是运动中立？

当你把运动从改变身体的唯一目标中解放出来，让它成为修复、释放和恢复活力的手段时，你很可能会在运动实践中发现全新的自由。事实上，这种对运动的重构是如此强有力，以至于它被赋予了一个全新的名字——目前已有多个！我们将用这种运动实践来作为本章中展开对话的指南。

你可能听说过其中最流行的一个称谓，那就是"快乐运动"（joyful movement，但它并不意味着你在健身房跑来跑去，尖叫着："哟吼！我喜欢这里！"）。快乐运动强调以一种感觉良好、你真正喜欢的方式运动身体。通过将运动与卡路里消耗脱钩，运动变得不再功利，而是变得更加自由。围绕这些实践，其他描述词汇也开始涌现。也许你听过"直觉运动"（intuitive movement）或"有意运动"（intentional movement）之类的说法，但我个人更喜欢"运动中立"（neutral movement）这个词（和"身体中立"刚好呼应），因为它抹除了人们在运动中不切实际的期望或判断。广义上讲，所有这些词都传递着与快乐运动相同的活力和目的。它们都不涉及强迫锻炼、严格的卡路里计算，或者强迫你的身体去完成它不想做的事。相反，它们都强调心态：运动是为了你的感觉，而不是你的外表。

我最喜欢"运动中立"的一点是，它蕴含着对身体的信任。我们的身体非常聪明，它们知道如何适应、进化甚至自我治愈。它们知道我们什么时候需要休息，也知道我们什么时候需要运动。当你更直观地与身体建立联系时，你就能以全新的方式解读身体的暗示。除了帮助我们增强力量，运动还能揭示我们的弱点，这有助于预防和改善损伤。我们可能会注意到自己的髋部僵硬、紧绷，这时我们可以练习打开髋部，从而减轻背部疼痛；运动可能会突出膝关节的薄弱，并提示我们需要加强臀大肌以支撑膝关节。

从情绪的角度来看，运动可以为我们提供支持和空间，让我们释放内心的积郁。无论是愤怒、沮丧、压抑的能量、过剩的能量，还是悲伤或任何深刻的感受，运动都能帮助我们转移内部能量，从而使我们的头脑更加清醒。如果你渴望与人交流，也许你可以与朋友一起健身，也许可以与孩子一起玩耍——不管怎样，运动都是与人交流的绝佳方式。从纯粹的生理角度来看，运动可以帮助我们舒展体态：许多运动要求步履稳健、手臂伸展、肢体表达富有感染力。运动还能帮助我们建立自信。你有没有试过在胆怯的时候保持平衡？这比在你自信时要难得多。身体有如此多的潜能等待着我们去发掘。

运动中立引导你去做的是，当你发现某种类型的运动让你心动时，你就是在与原始的自我重新联系起来。哪种运动让你的身体感觉很棒，哪种训练方式最适合你？你喜欢通过哪些方式将运动融入生活，如何才能每天多做些运动？运动中立并不是要你停止上你的动感单车课，也不是要你扔掉你的计步器。它只是要求你对这些工具和活动进行评估，以确定它们是在为你服务还是在阻碍你前进。

对运动感到好奇

在我过去的人生中，我会"硬撑"着进行剧烈运动，不管我的身体告诉我什么，我都置若罔闻。我曾相信这都是心态的问题，如果我足够强壮，足够专注，足够"优秀"，我就会撑过一节课，或者跑完我强迫自己完成的跑步任务——即使我生病或疲惫不堪，或者在身体机能层面上表现不佳时也是如此。

我现在还能回忆起过去与自我对话的方式。我记得在洛杉矶生活时，我会去跑步。我非常讨厌跑步，但我总觉得我应该跑步，因为跑步者的腿细，身材苗条，耐力也好。一天傍晚，当我出发的时候，我还记得我对自己的腿大喊大叫，当我一步一步踩在人行道上时，脑子里的声音是："该死的腿，我恨你！我的腿，变细、变细、变细！"我当时想，如果我把所有注意力都集中在我的腿有多恶心上，我就一定会产生把它们纠正过来的强大动力。对我来说，大多数时候健身就是这样：我会把心思放在肌肉上，让厌恶的想法充斥这些肌肉，因为我相信这样会让我的身体更快改变。这种自我对话实则是我们与自己身体建立的一种虐待关系。

要改变与运动之间的有害关系，最好的办法之一就是保持好奇心。自我审视是发现运动如何以你为主的有效途径。类似于身体中立之旅的三个步骤——承认、探索、重建联系，这就是第一步：承认。虽然每个人的体验都不尽相同，但我发现，花一些时间向自己提问并给出诚实的答案来自我评估，会对你有所帮助。

下次进行运动训练时，不妨试试这个意念练习。

我是否……

* ★ 感觉与我的身体相连？
* ★ 享受情绪的释放？
* ★ 不加批评地欣赏自己身体的各项功能？
* ★ 能够找出紧绷的、灵活的、疼痛的和有力的部位？
* ★ 倾听并尊重我身体的需求？
* ★ 不加评判或设定期望地去运动？

当我们能够对这组问题回答"是"时，我们就走上了运动中立的正轨。反之，你可能会发现你的心态不够中立。再来问问自己以下这些问题时。

我是否……

★ 专注于我身体的缺陷？

★ 专注于花在运动上的时间而不是我的身体感觉如何？

★ 当我无法做到某种姿势或实现某种变化时，会对自己感到失望或苛刻？

★ 拿自己和别人比较？

★ 给我的运动贴上"好"或"坏"的标签？

★ 为了达到某个目标，把我的身体推向危险的极限？

如果你发现自己对第二组问题的回答是"是"，那么退一步可能对你是有益的。久而久之，这种思维方式不仅会损害你的身体健康（带来受伤和疼痛），还会影响你的精神面貌（身体畸形恐惧症、以锻炼自虐）。

如果你对这些问题的回答并非一边倒，也不要感到惊讶。也许你正在享受情绪的释放，惊叹于身体的所有机能，但同时又为自己不能坚持平板支撑而抓狂。这两种情绪可以共存！我们的目标是让自己的思维方式更加中立，同时减轻逼迫自己追求完美所带来的压力。而且，不妨在此过程中找点乐子。在大多数情况下，活动身体应该是一件令人愉快的事情。但这可能需要时间，就像任何事情一样，要熟能生巧。

也许在运动中进行自我审视会让你感觉压力太大。在这段时间里让你的大脑暂时"关机"会比较好。如果是这样的话，试着在锻炼前后花几分钟审视一下内心。根据当天的情况，问自己以下这些问题中的一个或全部。

运动前问自己的问题：

★ 我今天为什么选择运动？是为了改变我的身体形态吗？如果是，我是否可以重新设定这次运动的动机，将重点放在我的心理、精神或情感上？

- ★ 我的能量水平如何？我需要恢复体力的运动还是精力充沛的运动？
- ★ 我哪个部位感到紧绷？拉伸背部、颈部、腿部和臀部对我有帮助吗？在运动过程中，我可以做些什么来促进恢复？
- ★ 身体做什么会让我心存感激？
- ★ 我希望这次运动会如何帮助我？

运动后问自己的问题：

- ★ 在这次运动训练中，我是如何倾听自己身体的声音的？在今后的运动中，我怎样才能更好地倾听自己身体的声音？
- ★ 我今天的运动是如何影响我的心情的？
- ★ 我的能量水平如何？我是觉得更累了还是更有活力了？
- ★ 我身体哪个部位感到紧绷？我今天需要做些恢复体力的活动吗，比如洗澡、冰敷或拉伸？

- ★ 在这个过程中，我的身体以什么方式向我呈现它的状态？
- ★ 我喜欢刚才的运动吗？为什么喜欢，或为什么不？我还会参加这种运动吗？

对我们所投入的训练、我们所做的锻炼以及我们所选择的运动充满好奇，可以帮助我们为生活注入更多快乐。这份承诺听起来可能有点大而无当，却是事实。也许你真的喜欢力量训练，喜欢把壶铃举过头顶的感觉，但也许你根本就不喜欢。也许你一直都不喜欢举重，但因为别人告诉你必须做这些才能让自己看起来／感觉到／成为某个样子，你才逼自己坚持下去。只有当你花时间深入思考这些问题且不带评判的时候，你才能发现自己内心的真实答案。为什么要把生命中宝贵的时光花在做自己讨厌的事情上呢？你有无数种方式来活动和探索你的身体，生命太短暂了，你不应该在一堂不能带给你丝毫快乐的健身课上折磨自己。是时候重新调整，让我们的身体做主了。

探索你的运动偏见

在到了一定年龄之前,或者在有人给他们灌输其他理念之前,孩子们参与运动是因为运动很有趣,而不是因为运动有必要。他们不会在意自己荡秋千时的样子,也不会注意自己在蹦床上跳跃时是否会做出奇怪的表情或发出怪异的声音。在操场上奔跑时,他们当然不会考虑自己的体形或消耗的卡路里。他们只想运动,他们真心热爱课间时光。只有当他们被告知自己的身体需要改变时,他们才会开始考虑将运动作为改变身体的一种手段。这是后天习得的行为,而不是先天固有的行为。

这些灌输给我们的信息往往与一种被称为"锻炼道德"(morality of exercise)的理念联系在一起。随着时间的推移,强健的体魄成为美国梦的一部分,随之涌现的是成千上万的健身房和价值数十亿美元的产业。长达一小时的健身课、每周锻炼五次、每天走一万步,这些都不再仅仅是建议,而是通往美好生活的唯一途径。我并不是说计算步数是罪该万死的。我确实相信,更多的体育活动将有助于提升许多人的整体健康水平;我也明白,我们渴望保持身体健康、精力充沛。但媒体的宣传策略都是基于恐惧和威吓，并没有把我们身体的智慧和自主性置于首位。简而言之，在跑步机上跑个30分钟并不能让你成为一个更好的人。让我们成为更好的人的行为是善待彼此，无论长相、地位、种族、性别、财富、能力如何，对所有人都能予以欣赏和尊重。也许这个观点对你来说没什么新鲜感，但这类洗脑信息会伴随我们一生。当你阅读任何有关怀孕建议的文章时，如果你没有每天锻炼30分钟，他们就会让你觉得自己是全天下最糟糕的准父母。

另一个违背我们身体自主性的迷思是，如果我们不把自己逼到健身房，或者不在健身课上羞辱自己的身体，我们就无法激励自己去运动。例如，在健身课上，教练可能会使用这样的激动话术："如果有人不能坚持平板支撑，所有人都要重新开始！"当然，这是一种激励方式。谁想从头再来呢？这种话术不是教练的错——这很可能是他们接受培训的方式造成的。然而，像这样的激励并不能鼓励团队关注他们的身体，也不能延长平板支撑的持续时间。要么你会伤到自己，然后就再也不能做平板支撑了，要么你会开始把平板支撑和羞耻联系在一起。

一种更有用的激励方式是让我们对自己的身体感到

好奇。"你深蹲时蹲得更低是什么感觉？你觉得屁股发力更多还是更少？"如果你在课堂上听到这句话，你可能会想测试一下你的活动范围，看看什么样的深蹲高度最适合你。

由此，我想请你思考一下影响你运动方式的外部因素。以下一些问题可以帮助你产生好奇心。

- ★ 你童年时是如何运动的？你小时候喜欢哪些活动？不喜欢哪些活动？为什么？
- ★ 当你想到运动和锻炼时，你是否有任何青春时代的记忆——不管是好的还是坏的？
- ★ 你的父母/监护人或长辈是如何对待锻炼的？你是如何看待这些呈现在你生活中的实践的？
- ★ 请说出当你想到"锻炼"这个词时，最先联想到的五个词。你是从何时何地开始将这些词与锻炼联系起来的？
- ★ 你的教练在健身课程中使用什么样的措辞？

> 你的健身房提倡什么样的措辞？这些措辞符合你的价值观吗？
> * 在网上或现实生活中，谁影响了你的运动方式？他们的价值观是否支持你的身体中立之旅？
> * 你所接触的媒体中，有哪些将运动视为一种惩罚、一种要求或一种改变体形的手段？又有哪些将运动视为一种享受、一种治愈方式、一种改善身心和精神状态的手段？

一旦你能够确定自己对运动的偏见来自哪里，你就可以努力与自己的运动实践重新建立联系。

所有的运动都是有效的

多年来，"所有的运动都是有效的"这句座右铭一直支持着我的中立之旅，并帮助我探索生活中的运动中立。我过去常常根据燃烧的卡路里、花费的时间、流下的汗水和第二天肌肉的酸痛程度来评价我的锻炼效果，但运动所涵盖的意义远不止这些。你是走楼梯而不是乘电梯上楼的吗？你是否在一天中的部分时间里背着或抱着孩子？你会不会追赶公共汽车，或者去公园遛狗？你是否收拾过箱子，打理过花园，或者在洗衣服时弯腰上百次？和孩子在地板上玩耍是一种运动，通勤是一种运动，爬楼梯也是一种运动。谁说一定要穿着运动服才算运动？

将所有运动都视为有效的好处在于，它能让我们从更中立的角度来思考运动。在训练环境之外，我们往往不会对自己的活动妄加评论。例如，我很容易倾向于评判自己在跑步机上或举重室里的表现，但我从来不会想：我在通勤时本可以更高效。我相信大多数父母在阅读时都不会想：我本可以花更多精力和我4岁的孩子玩骑马游戏。或者，我应该把体重21磅的幼儿再多举高15%。在我们努力摒弃根深蒂固的"好锻炼"和"坏锻炼"的观念时，且让我们将运动与那些让日常生活中充实且丰富的简单动作联系起来吧。

回想一下你的童年，也就是在锻炼的概念侵入你的大脑之前的情景。你经常参加什么活动？游泳？捉人？

四格球游戏（Four Square）[①]？还是舞会？不管是什么，想想你喜欢做什么，并把它们记下来。现在，看看你的清单，这些活动还能让你会心一笑吗？它们听起来有吸引力或有趣吗？如果是的话，你如何将它们融入你的日常生活呢？你的朋友呢——你能在你的生活中邀请一些人来参加一个团体活动吗？后院排球、情侣网球、滑雪橇、飞盘高尔夫、垒球，甚至是一场激动人心的猜字游戏。如此，你不仅可以让你的身体活动起来，还可以培养社区氛围，同时创造一些美好的回忆。

我小时候非常喜欢跳绳，所以几年前，我买了一根跳绳，开始在街上跳。在此之前，我上过不少包括跳绳的健身课，但我讨厌这些课。然而，当我回忆起小时候对跳绳的喜爱，并以这种方式进行锻炼时，我却觉得非常开心！为什么呢？因为我跳了1分钟，再休息30秒也没关系。我跳的节拍或速度也不重要。"贝瑟尼小朋友"就这样在大街上随心所欲地跳着绳。这是一种自由、乐趣和童真——而且完全是中立的。我最喜欢的游乐设施是什么？秋千。我小时候可以在秋千上荡好几个小时。

[①] 一种由四名玩家参与的运动，玩家需要将球打入其他人的方格中，并尝试回击。——译者注

因此，暑假期间，我带着我的跳绳来到当地的一个游乐场，荡起了秋千。我在秋千上一直微笑，是的，这就是我一天的运动。

所有的运动，无论是嬉闹的还是严肃的，艰难的还是轻松的，实用的还是有趣的，都是有效的运动。努力将这一点内化于心，并寻找新的方式来活动身体，可以帮助你建立与运动更良好的关系。当你把自己的身体和需求放在第一位时，无论做什么，都是你当天所需要的。记住，你的身体智慧超乎想象，你是一个活生生的奇迹：相信自己，开始你的运动中立之旅吧。

改变你的意图

能够帮助我们接受"所有运动都是有效的"这一观点的最有力的工具之一，就是退后一步，仔细斟酌我们运动的个人主观理由。有些人运动有所谓的"客观"和"基于健康"的理由，比如经常锻炼有助于预防慢性疾病和过早死亡。而且耗费大量资金的研究证明，运动可以延长人的寿命，提高生活质量。但是需要谨记，就算我们像僧人一样遵守每一条清规戒律，也仍然可能无法活到百岁。我不会用内疚感强迫你每周运动多少多少分钟，或每天吃五份水果和蔬菜，或饮酒不能超过一杯……任何当前研究建议的事。这不是本书的主旨。

相反，我想问问你不运动时的感受如何。在我从饮食失调中康复的那段时间里，我决定做一个实验来改变我与运动的关系。那就是，每当我想做任何专项运动时，只有在我能找到除了改变身体之外的理由时，我才允许自己去做。我会问自己，我今天想进行训练的原因是什么？起初，每次的答案都是身体原因：我太臃肿了，我昨晚吃得太多了，我需要锻炼我的腿，等等。除了身体原因，我找不到其他理由，于是，我就选择待在家里。

我待在家里的时间愈长，我想运动的动力就愈发有所转变。我开始感到浑身瘙痒、困顿烦躁、萎靡不振。很快，我就不在乎自己是否臃肿，是否吃得"太多"了：我只需要一种释放，让头脑清醒，感受胸腔中的心跳。我的身体想被注入某种内啡肽，让它摆脱惰性。我渴望运动，不是为了练出六块腹肌，而是因为我聪明的身体知道它已经憋得太久，准备随时去动上一动，活动活动筋骨了。

在这个过程中，要给自己宽限期，记住，某几天没有动力也没关系，休息一下也是可以的。有时候，我聪明的身体知道自己需要休息，对运动毫无兴趣，比如在我接受生育治疗的时候——激素的肆虐让我感到昏昏欲睡，唯一感觉良好的活动就是轻松地散步。但关键在于，通过与身体建立联系，我能够倾听它的暗示，尊重它的需求。不言而喻，无论是悲伤、失恋、与精神健康做斗争等危机时期，还是仅仅遇到一些小困难，运动可能都不是你的首要任务。同样，对于某些人来说，锻炼也可以在黑暗时期给他们带来慰藉。关于运动能够如何支持和改善你的生活，并没有任何普遍且适用的规则。

很快，你就会发现对运动动机的重塑会带来多么大的变化，它又是如何帮助你与运动建立一种可持续关系的。它不再是我"必须"去健身房，而是我今天"可以"去运动。一旦运动（任何形式）成为我们表达、探索和尝试的一种方式，它就会充满乐趣，而不是令人生畏。我总是对所谓的普遍动机感到好奇，所以多年来我一直在调查我的客户，询问什么能帮助他们感到有动力。以下是一些不会基于羞耻感的、非身体动机的激励技巧，可以帮助你开始行动。

想想看……

* **运动后的感受如何**:"我想的是运动后的感受,以及在没有评判的情况下体会到运动的奇妙感觉。摒弃把运动当作惩罚的想法,让我把注意力集中在对身体有益的感受上,这些感受可以成为巨大的动力!"
* **运动是一种强有力的释放**:"老实说,今天激励我去运动的理由是我这一天过得很糟。挥舞几下拳头是一种很好的释放,因为'我需要打点什么来出出气'。"
* **运动是一种自我关照**:"生活是不可预测的……有些时候,它让我感到有些不可承受。而运动给了我一个美好的、接地气的、重新定位的机会,让我回到当下,回到我的身体,回到我的大脑,回到它们此时此刻的样子。当我陷入黑暗时,它能拯救我。"
* **营造氛围**:"我发现在凌晨五点时,关灯、闭眼(大部分时间)、享受音乐,这样的活动

> 能让人平静下来。我会点上几支蜡烛,焚上几炷香,让我的房间宛如精品运动工作室一般。"

倾听你的身体

你观察过下雨天的蜜蜂吗?它们在雨中无法飞行,只能躲在树叶下以等待暴风雨过去,然后继续工作。或许你曾觉得自己像一只蜜蜂,有这种感觉的并不只有你一人。春天来临之前,大自然中的大部分生灵都会在春天到来之前打盹儿——树木、花朵、小草、冬眠的动物,还有你想得到的一切。以前,当天气影响我的锻炼时,我总是对自己很苛刻——我怎么可以在下雨天坐在沙发上看电影,而不是去健身房锻炼!但我现在学会了倾听大自然的变化,自然有起有落,我也一样。花有开谢,月有盈亏,潮有涨落,我们的运动能力和热情也会起伏不定,有些日子就是用来休息的。

当你习惯性地认为自己应该在任何时候都保持100%高度活跃时,你就会发现自己很难读懂身体的暗示,无法分辨出自己是因为情绪低落而需要恢复，还是因为情绪低落而需要运动，这是很正常的。倾听与生俱来的暗示是一种我们可以灵活运用并加强的力量。以下列举了一些迹象，可以帮助你决定今天是运动日还是休息日。不过自不必说，只有你最了解自己的身体！

身体渴望运动的迹象：

- ★ 无精打采。
- ★ 百无聊赖。
- ★ 头脑模糊／健忘／注意力不集中。
- ★ 身体感觉紧绷或僵硬。
- ★ 亢奋。
- ★ 辗转难眠。
- ★ 能量压抑。
- ★ 坐立不安。
- ★ 便秘。
- ★ 体温过低。
- ★ 渴望焕新。

身体渴望休息的迹象:

★ 肌肉酸痛。

★ 关节疼痛/损伤。

★ 抽筋/肌肉疲劳。

★ 筋疲力尽。

★ 压力过大或工作时间过长。

★ 情绪低落。

★ 月经量大。

★ 消耗心神的人生大事。

★ 渴望恢复。

★ 你的训练感觉比平时更辛苦。

如果你发现自己很难决定是否需要运动——也许"无精打采"和"筋疲力尽"之间的界限很模糊,那么我建议你从柔和的活动开始。绕着街区走一圈,或者坐在垫子上伸展5分钟。这可能是一个向自己提问的好时机(见第117页)。闭上眼睛,抚摸身体,深呼吸。注意你是微微前摇(通常是身体内部表达"是"的信号),还是向后摇（通常是身体内部表达"否"的信号），让你的身体来回答问题。你可能会发现，你最终做了很长时间的锻炼，并颇为享受其中的每一分钟；你也可能会发现5分钟的伸展运动就是你当天能完成的锻炼量极限了。这不是先假意告诉你自己"只做一点就好"，而实际上一旦开始就全部做完。不是这样的。要允许自己少做一点。这会让你更容易与自己重新建立联系，调整自己的欲望，并赋予身体自主权。

当我离开健身工作室，创办自己的健身平台be.come时，项目最重要的宗旨便是让我的客户能够对自己的身体做出决定。我努力做的一件事就是不谈一个动作的优缺点，例如：平板支撑时用膝盖撑地是"不好"的，用脚撑地是"好"的。对于任何锻炼来说，最难的姿势就是全身所有需要锻炼的部位都能有感觉的姿势，因为这是你的肌肉最卖力的状态。即便这意味着你要靠墙做平板支撑，那也无妨。作为一名教练，我鼓励客户探索最适合自己的姿势，而不看重动作的价值。事实上，我已经不再使用"修正"这个词了，因为它意味着新的动作更容易；我更喜欢使用"替代"，因为它只是不同动作的替换。在健身课上，用词很重要。

轻柔的运动方法

在你与身体重新建立联系的过程中,一些轻柔的运动方法会很有帮助,尤其是如果你经常强迫自己去锻炼的话。

1. 带着目标去散步。

* **关注周围的环境可以帮助你重新集中注意力。** 出发前,闭上眼睛,在脑海中映入一种颜色——你最先想到的颜色。当你散步的时候,看看你能在哪里发现这种颜色,能看到多少次,又能注意到多少种不同的色调变化。

* **快步走,让血液流动起来。** 试着加快步伐,不要勉强,听一个充满活力的音乐播放列表,看看跟上音乐节奏的感觉如何。

* **走路时集中精力来深呼吸。** 完全忽略你的步伐,只听你走路时的呼吸声。试着出声地、缓慢地吸气和呼气,如果你想要学习更系统

的呼吸法，可以在视频网站上搜索"正念呼吸"或"呼吸冥想"。

★ **尝试步行/训练组合。** 尝试在散步中加入一些运动。也许是几分钟的跳绳；也许在播放列表上的每首歌曲结束时，你都会停下来做十个深蹲；又或者尝试每隔三个街区做几个贴墙俯卧撑。你可以试试弓步行走的强度是否合适，甚至探索在脚踝或手腕上负重行走。

★ **用散步来暂时逃脱压力！** 在跑步机或椭圆机上走一走，看看你最喜欢的电视节目。也许在这一天，你不需要有意识地运动，也许你需要的是一些无意识的运动。如果你既想从生活中喘口气，又想活动，那就在室内散步，享受一些屏幕时间。

2. 简单拉伸：永远不要低估拉伸的力量！

一些简单的姿势可以帮助你释放压力、恢复活力。

- ★ **站立抱臂体前屈**：双脚分开，与髋同宽。膝盖微屈。上身向下悬垂，双手分别抓住对侧手肘，让头沉重地垂下。
- ★ **坐姿跨腿髋关节伸展**：坐在椅子上。将一侧脚踝搭在对侧膝关节上，让双腿摆成数字"4"的形状并放松地打开。可以自行选择是否前屈上身，以带来更多感觉。
- ★ **坐姿开腿体前屈**：坐在地板、枕头或瑜伽砖上。打开双腿，将其摆成舒服的宽"V"形。保持姿势或前屈上身。尝试轻轻左右摇摆身体。
- ★ **握拳并松开**：呼气并握拳，停留一秒。松开双手，并深深地吸气。重复。
- ★ **姿势复位**：站立，双脚与髋同宽。掌心朝后，双臂稍微向身后移动。双手拇指靠拢。这个姿势会让你感觉胸腔打开。
- ★ **蝴蝶伸展**：坐在地板、枕头或瑜伽砖上。双脚脚心相对，由此双腿摆成了"蝴蝶"的姿势。膝盖张开，髋部和腹部放松。可以自行选择是否前屈上身，以带来更多感觉。

* **站姿呼吸**：站立，双脚与髋同宽并向下扎根。掌心朝前，转动肩膀，提起胸腔。吸气后再缓慢地呼气。
* **双腿靠墙放松**：躺在地板上，臀部紧紧贴在墙上。双腿抬起以搭在墙上，双脚朝上。腿部保持放松，不要用力。
* **仰卧抱膝**：躺在地板上。让双膝靠在胸前，用双臂环绕抱住双腿。头部放松地靠在地板上，给身体一个大大的拥抱。如果手臂不够长，可以尝试握一条毛巾或弹力带。
* **仰卧脊柱扭转**：双腿伸直，躺在地板上。一条腿朝胸口抬起并绕过身体对侧，使下身摆成扭转姿势。双臂在身体两侧张开，形成"T"形。如果想让姿势更舒适，可以在扭转的那条腿下放一个枕头。

3. 感觉精力充沛但时间不多?

选择一首充满活力的歌曲（3~4分钟），并尝试做下面这些动作。在每个动作上持续的时间由你的身体决定，重复的次数不限。

★ 快速出拳。

★ 简易蹲起。

★ 平板支撑。

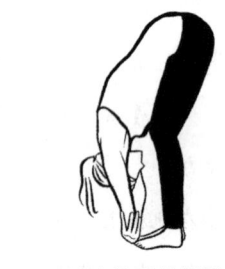

站立抱臂体前屈

坐姿跨腿髋关节伸展

坐姿开腿体前屈

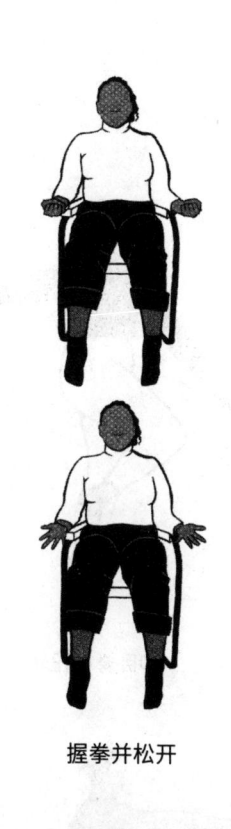

姿势复位

握拳并松开

蝴蝶伸展

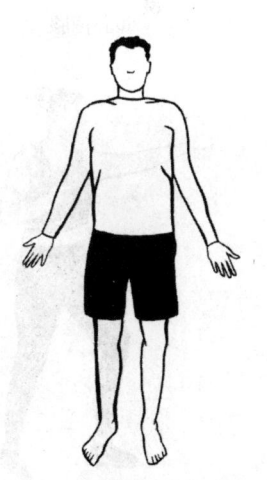

站姿呼吸

第 5 章 运动中立

双腿靠墙放松

仰卧抱膝

仰卧脊柱扭转

快速出拳

简易蹲起

我比我的身体更重要：身体中立的探索之旅

平板支撑

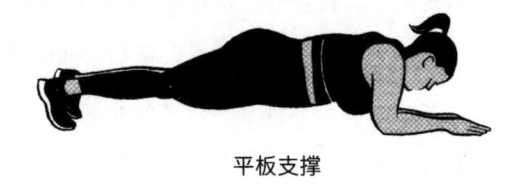

让我们继续前行

自从启动 be.come 项目以来,我注意到一件事,那就是无论我说什么,客户都会重复我的话。我越是表示所有的运动都是有效的,我的客户就越是认为所有的运动都是有效的。我越是鼓励他们倾听身体的声音,我就越能看到客户自由地选择替代方案,并有意识地休息。我越多地谈论身体中立,我就越多地注意到客户将他们的价值从身体自我上转移开来。我不仅从他们与自己互动的方式中看到了这一点,我还从他们在社交媒体上、彼此交谈以及与家人交谈的方式中看到了这一点。我想与大家分享一些我最喜欢的反馈,这样你就能从其他人那里体会到运动中立是如何改变他们的生活的。

我有慢性疼痛,我和自己有个约定,如果我觉得可以运动，我就去做。如果不行，我也不会担心。本周，我感觉自己可能做不成，但be.come项目的身体中立运动支持我的计划。没有羞耻感，没有对做不到的评判。当我感觉好些时，它能让我更容易恢复运动！我对此心存感激。

——佐伊·G.（Zoe G.）

哦，本周例行运动结束时的那句话深深触动了我。我曾为自己不善于锻炼而感到难过，但这是一次新的尝试，我需要接受自己现在的状态。由于缺乏锻炼，我很难信任自己的身体，但我会慢慢适应它的。所有的运动都是有效的，就是这样。

——鲁维达·索尤帕克（Rüveyda Soyupak）

我非常欣赏你关于身体自主的思想。我听完后不禁落泪，当我在移动、倾听和照护我的身体时，以这种充满爱和同情的方式给予我这些提醒，非常令我感动（同时我还在接受性创伤治疗——我正试图倾听和尊重我身体的知觉，但常常感到失败或觉得这无法做到）。这让我感觉充满希望。非常感谢你——这在很多方面都像一种宣泄式练习。

——亚历克莎·鲍尔弗（Alex Balfour）

我最近参加了一堂健身课，这不是我通常上的课。教练说要让我们的肚子变平坦，大腿变细，还让我们为周末吃的东西感到内疚。但不管你信不信，它很好地提醒了我自己曾经是什么状态，现在又是如何。我根据自己的情况对教练的话进行了重新解构——这个动作可以防止下背部疼痛，那个动作可以打开我的髋部，我能感觉到我的臀大肌在这里被激活了。我选择了替代方案，做了靠墙俯卧撑，还要了个砖块，按照自己的节奏运动。过去我会为此感到尴尬，而现在我感到了内心的强大。通过从心理上将这个课堂重构为一个更加中立的立场，让我能够与自己对话，与课堂上的朋友沟通，并享受眼前的运动。事实上，在课堂上，我注意到其他一些人也采取了与我相同的替代方案。课后，我和我的朋友们进行了一场精彩的讨论，最后我们一致认为，在锻炼过程中"把肚子练平"的说法已经过时了。

运动的世界并不全是糟心的情况。当然，我参加过一些让我感觉自己很糟糕的课程和活动。但我也参加过让我感到有力量、得到支持和身心振奋的课程。归根结底，我从运动中收获的快乐多于悲伤，即使有时我不得不自行创造快乐。当我们把运动看作释放疲劳和改善身体机能的一种方式，而不仅仅是减肥或减小裤子尺码的方式时，它就会给我们带来难以置信的力量。我们都在努力摸索，有些人会比其他人更快达到目标，这没关系。我的经验告诉我，我们都有能力成为自己的光，然后也照亮别人。

第6章
顺其自然

当我们试图过度控制生活中的任何事物时，
这种欲望最终反而会控制我们，
让我们一事无成。

控制的迷思

我对"顺其自然"这一建议可谓爱恨交加。在某些方面,我喜欢它的简单:只需放手,所有的烦恼都会从我的肩膀上卸下,消弭于无形,而我则轻轻跨过这道坎,以全新的姿态踏上阳光大道。但我也讨厌它的简单,因为它总有种冒犯的意味:就像当你心烦意乱时,有人告诉你"冷静下来";当你为怀孕而挣扎时,有人告诉你"别再努力了";当你感到焦虑时,有人建议你"放松"之类的废话。听我说,如果我知道如何让我所有的情绪异常"顺其自然",我很乐意现在就放手!

控制欲极大地影响了我们对待自己身体的方式。这是因为,我们被灌输了一个迷思——我们的外表是我们唯一能够控制的因素,如果我们不喜欢镜子里的自己,我们就必须改变它。久而久之,我们可能会把自己的身体推向极端,试图成为另一个自己,却感到怏怏不乐、脆弱不堪。有时,我们甚至会置自己的健康于危险之中,为了变瘦而陷入营养不良。或者给自己注射人工合成类固醇来锻炼出超人般的肌肉。

更糟糕的是,这种迷思并不局限于我们的外表。社交媒体和流行励志书籍一次又一次地告诉我们,"每个人的一天同样都有 24 个小时",如果我们没有过上梦寐以求的生活,那是因为我们还不够努力。但这种想法并没有指出,虽然我们可以努力实现很多目标来创造让自己满意的生活,但总会有一些事是我们无法控制的——无论是突如其来的疾病、失去亲人、被裁员,还是我们不尽如人意的原生家庭。我们通常没有将这些意外当作生活中不可避免的一部分,去选择接纳,反被教导必须控制自己的一切,实际上,正是这个谎言在控制着我们。

我现在意识到,我曾经——也许现在仍然——将这个谎言内化到了心中，它表现为一种掌控自己方方面面的强烈愿望。这在一定程度上导致了我的成瘾和自残行为。我的饮食失调的根源就在于这种控制欲：我的生活越是失控，我就越要控制自己的身体。

让我用一个可能会引起你共鸣的类比来阐释这个问题。你是否曾经焦急地等待某个消息？在那一刻，你是否发现自己在漫不经心地打扫卫生，以疏导自己的紧张情绪？在等待消息的过程中，我们会感到失去掌控，所以我们会借助一些我们知道自己有能力控制的行为来加以弥补。你可能无法控制即将收到的信息，但你肯定能够让台面闪闪发光。这给了我们一种控制的错觉，似乎一切尽在自己手中掌控。

这种情形反映在每个人身上会有所不同。"如果你有残疾或慢性健康问题——这些病痛在表面上提醒我们，我们无法真正拥有对身体的控制权。那么我认为要想放下这种控制欲，关键在于重新定向，并通过另一种不以身体为中心的方式来找到内心的力量，"洛蒂·杰克逊向我解释道，"对我来说，这可以通过写作、发挥创造力和践行某种主义来实现——所有这些都能让我表达自己，并感受到自己的力量。"

第 6 章　顺其自然

现在我正在从这种控制欲中恢复，不过我仍然非常热衷于那些我可以看到结果的活动：粉刷墙壁或修剪草坪。对可见结果的满足感真的让我兴奋（在我需要进一步证明我喜欢当家做主的情况下更是如此）。当2020年3月新型冠状病毒疫情暴发时，我尽我所能地清洁、粉刷、修剪、打理一切，让我的双手忙碌起来，在我感到完全无能为力的时候获得一种控制感，我确信我不是唯一这么做的人。我们经常看到这种"缺乏控制"转变为"需要控制"的情形，但我不认为这是件坏事。这就是我个人对"顺其自然"心态的理解——有时候，你需要那种控制感，即使你知道这是一种幻觉。关键是，我们如何引导这些心理能量——我们是把它放在积极的、对我们有益的事情上，放在能够支持中立的事情上，还是放在可能伤害我们的消极的事情上？我们如何在控制中找到平衡？

当你被控制欲所控制

写作本书的过程中，关于身体中立的大部分对话都会回到"控制"这个话题上。当我们谈论自己的身体时，很多语言都围绕着自律，以及我们控制体态、体形、食物摄入和排出的能力而展开。和我一样，许多人的疗愈之旅都包括以某种形式放弃这种控制欲。我们的社会中有一种子虚乌有的观念，即认为身材更苗条、更瘦小的人更能成事——主要是因为他们被认为有更强的自制力。我在现实中所领悟到的却是，当我们试图过度控制生活中的任何事物时，这种欲望最终反而会控制我们，让我们一事无成。

过度的控制欲会将我们的"钟摆"摆向极端的方向，驱使我们走上自我毁灭之路。就身体而言，我们越是试图控制自己的饮食、锻炼方式和外在形象，这些问题就越会在我们的生活中挥之不去，进而损害我们的健康和幸福。

当我念及曾对生活施加的过度控制时，我就会回想起自己还是一个生食主义者时的情景。那是在我搬到芝加哥之后不久，芝加哥是我人生中第一个长住的大城市，当时我正在探索自我——在小镇生活的刻板环境之外探索自己和自己的信仰。我迷失其中，急于寻找某种支持体系，而生食主义给了我这种信念体系。这种极端的进食方式提倡只吃未煮熟的水果、蔬菜和坚果，不去吃任何煮熟的、精制的、经巴氏杀菌的或加工过的东西。想象一下兔子的食谱吧,这就是生食主义。我在这种饮食法所带来的崇高承诺、规则和文化中找到了慰藉,它成了我的新信仰。有一段时间,我感觉很棒——我感觉比以往任何时候都好,更强壮,更有力量。但就像我们出于错误的原因所做的大多数事情一样,这种感觉很快就消失了,并发展成为我饮食失调的早期标志之一。现在我明白了,我只不过是在用一种极端的生活方式取代另一种罢了。

我从生食中获得的快感完全建立在能够掌控自己生活的基础上。我不需要餐厅,不需要聚会,也不需要花哨的厨具。我凌驾于此,并对所有需要这些累赘的人评头论足。我没有意识到我错过了什么:错过了家庭节日,吃不到祖父母做的美味佳肴,不再受邀与朋友共进晚餐。我变得孤僻又寂寞。我记得当时的自己感觉就像一朵日渐凋谢的花,急需养料。

乔安娜·坎德尔告诉我,理解控制的作用是厘清自己与身体关系的关键之一。"我意识到我的饮食失调让我陷入了一种难以捉摸的自我控制方式,"她解释说,"我能想到的最好类比就是,我就像一个非常糟糕的后座司机①，以为自己是真正在开车的人，而实际上，手握方向盘的却是我的饮食失调。很长一段时间，我以为一切都在我的掌控之中。但现在站在了另一个角度，我才意识到我是多么缺乏控制力，因为我讨厌自己受饮食失调煎熬的每一分钟，但我又害怕没有它的生活。康复的过程则让我有机会爬过中控区，重新抓住方向盘。"

我现在明白了一个道理，你越限制什么，它就越会变成你的渴望。每当我不可避免地违反生食的要求，吃了一些煮熟的东西时，我就会把它吐出来，让它排出体外。在我看来，排出体外总比吃一些非生食的东西要好。然而，在践行这种生活方式两年后，我的严格限制导致了越来越多的渴望，从而导致了越来越多的暴饮暴食，进而导致了越来越多的催吐。我记得有一天，我非常想吃甜甜圈，日思夜想。最后，我在一家面包店停下车，买了个甜甜圈，在车上就吃了起来，然后一边开车一边强迫自己把刚吃进去的甜甜圈吐到袋子里。更糟糕的是，我为自己没有足够的力量来抵抗这种渴望而感到羞愧和自责。那段时间是我人生的最低谷。最后，我停止了生

---

① 美国俚语，形容指手画脚、喜欢干预别人做事的人。

食，但这些控制欲依旧纠缠着我，并与饮食失调斗争了多年。我开始沉迷于控制感，沉迷于掌控自己的力量，沉迷于表面的"健康"。

在我们交谈时，普伽·拉克斯敏博士给出了一些有用的指导原则，以确定你的控制欲是否已经开始反过来控制你。她解释说："当你的控制欲开始控制你的生活作息和日常活动时，就需警惕了。从临床角度来看，这里指的是当你的生活开始发生变化时。也许你上班迟到了，或者错过了会议，因为你无法将食物准备或健身计划与这些日常活动相协调。也许你已经停止了聚餐之类的社交活动，或者你正在重新安排你的日程表，以迎合特定的训练课程，从而令你的人际关系受损。值得关注的另一点是内疚因素。当自我批评和内疚感变得强烈时，这会对你的整体心理健康造成极大的伤害。另一个你可能越过正常边界之外，即使生活还如常运转。"

基于这些指导方针，我想鼓励你问自己一些关于你与控制关系的问题。和许多事情一样，这不是一个非黑即白的话题，而是一个可调整的不断变化的量表。

- ★ 你的习惯是否妨碍了你的日常生活，比如工作安排、与家人或朋友相处的时间？
- ★ 你是否会为了完成你的"养生"计划而拒绝一些事情／场合／活动？
- ★ 当你出现失误时，你有多自责？情绪会不会变得很夸张？
- ★ 你是一个对自己一贯苛刻的人吗？

松开缰绳

学会放手不是一朝一夕的事。这是一个过程，一个滴水穿石的过程。当我患上饮食失调时，我试图控制自己身体的方法之一就是让家里不出现食物。如果我想吃薯片，我就得出去买薯片，把一整袋薯片吃掉，然后再也不吃了。现在我的策略恰恰相反，我所采取的最重要的实践步骤之一就是始终确保家里的食品储藏室里有库存，我感到幸运的是，这些是我能负担得起的东西。这里总有棒棒糖、薯片、坚果，还有巧克力。因为我学到的教训是，我接触这些食品越多，它们对我的影响力就越小。一开始，我觉得这样做非常可怕。我从挑选一种以前"禁止"放在家里的食物开始，一旦感觉安全了，我就开始添置更多的食物。现在我甚至会忘记橱柜里还有我最喜欢的零食。买一大堆食物并不会神奇地治愈饮食失调，但消除限制是康复过程的一个重要组成部分。

一下子改变所有事情可能会让人感到恐惧不安，那么，如果不做大刀阔斧的改变，而是尝试适度的改变呢？如果这些改变并不适合你，你可以随时确认，然后退回到以前的做法。但为什么不尝试下时不时松开手中的缰绳的感觉呢？做出一些微小的改变是一种很好的方法，可以让你更接近目标而不会感到不知所措。以下是帮助你尝试的快速练习。

微习惯练习

第一步：写下你生活中的一些绝对原则。理想情况下，这些都是硬性规定或制度，但它们并不总是为你所用，或者限制了你在某些生活情景中的行为。

　　第二步：有什么微小的、可控的习惯，你可以从今天开始实施，逐渐放松束缚？这不应该是180度的大转变，而应该是切实可行、脚踏实地的事情。从小事做起，保持好奇心！

　　第三步：如何依赖你所爱的人们来支持你做出改变？列出三个人的名字，你可以和他们谈论你想要做出的改变，而他们会在你将改变付诸实践的过程中帮助你。

自我同情的力量

　　事情是这样的：对我们的生活有一些控制其实是一件好事。自制，也就是我们克制短期诱惑以及与长期目标相冲突的欲望的能力，可以帮助我们规划生活，进而帮助我们实现梦想。这个过程也能给我们的生活带来意义。事实证明，自制力强的人更快乐、更满足、更幸福。他们通常有更良好的人际关系、更自由的财务状况和更成功的事业。这些显然都是好事。

如果你是一个控制导向型的人,那么一旦你在脑海中有了一个明确的目标,却不把所有的精力都投入到实现这个目标上,这定会让你感觉浑身难受。也许你正在学习资格证书,或者正试图成为一个完美的父母,或者尝试开创一份新的事业……在所有这些情况下,自制力可以支持你的目标,但它也可能物极必反,变得有害,导致倦怠或让人承受过大的压力。这有点像从伤病中恢复——一些物理治疗练习会增强肌肉,但过度和剧烈的运动可能会让你再次受伤。说到自我控制和自我同情,关键是要找到两者间的平衡。

普伽坦言:"对我的许多患者来说,要用同理心对待自己并不容易,而我自己也必须努力才能做到这一点。当你的生活和成功所依赖的思维框架受到挑战时,你会感到非常沮丧——如果是自律让你走到了今天,那么放任自流肯定会让你所取得的一切成就都付诸东流,不是吗?为了减轻这种恐惧,我们可以做的一件事就是记住一点,践行自我同情并不会改变你的性格。有时候你仍然会对自己苛刻,这没关系。如果你只是为了提高效率和取得成功而羞辱自己,那么请考虑一下是否可以采用其他的思维框架。重要的是，我们不必聚焦于那些因为放弃一部分自律而感到可能'失去'的东西上，而是集中关注那些通过自我同情可能'获得'的东西上。是的，当你对自己更有同理心时，你可能不会那么有效率。但留出这些余地，可能会让其他事物进入你的生活，而且这些事物可能会帮你更好。我们不知道具体结果会如何，但我们要有乐于观察的好奇心并接受这种不确定性。"

在启动 be.come 项目时，我对项目的上市日期要求非常严格。必得是 7 月 16 日不可。我记得当时和我的心理医生谈起我必须在 7 月 16 日推出项目，我也记得当她问我为什么时我很生气。事实上，我也不知道为什么是这个日期。这是我定好的日期，我觉得我只是不想让自己失望。我按时推出了产品，但为了达成这个目标，我把自己逼到了极限。启动的前几天，我和我的配偶在旧金山，我感到十分压抑，根本无法从项目中得到乐趣。我走到哪里都带着电脑，每天以泪洗面，甚至把腰都扭伤了。我不顾平台的具体状况就启动了项目，而当我启动时，基本上所有的功能都失灵了。在接下来的三个月里，我一直在修正错误，如果我当时放慢脚步，也许这些错误是可以避免的。

等到下次我再进行一个大型项目的启动时，我决定改变一下，给自己一个灵活的期限。我力争在我想要的时刻启动项目，但我也没有为了实现它而放弃我的幸福。结果如何？虽然有点延迟，但它还是顺利地启动了，我和我的团队都更开心，也更振奋了。体谅自己，放弃武断的最后期限，让我获得了更充实、更愉快的体验。

自我同情可以帮助我们缓解对控制的过度需求，使生活回归平衡。乔安娜说："在控制这个问题上，我学到的最有用的经验之一就是，想要掌控事情是可以的，也是很自然的，但要给自己留出做人的空间和雅量。找到这种平衡对我的康复和重新定义我与身体的关系至关重要。"当我们不再以不切实际的标准或不可持续的方案来要求自己，我们就能对自己更加温和，有助于防止我们的"钟摆"摆向极端。如果我们有不友善的想法或伤害性的行为，我们可以通过同理心认识到我们所处的世界未必能让我们如愿。我们可以从容地后退一步，找出影响我们做出这些决定的因素，并对其冷静地加以探讨。如果我们觉得自己的表现让自己失望了，我们大可以提醒自己，我们的身体、我们的工作效率、我们的一切都会起起伏伏，在大自然中一切都是不断流变的。缺乏自我同情制衡的自我控制不仅意味着你会错过生活中的许多乐趣，还可能让你远离真正的自我及其所应得的璀璨。

至于如何实行，普伽强调要循序渐进。她说："我绝对不是说你要采取这种盲目乐观的方式与自己对话，因为那是不真实的。相反，这种做法只是试图降低自我批评的音量。你该问问自己，这个声音从何而来？我从哪里听来的？如果我对自己温柔一点，会是什么感觉？一开始，你可能会觉得，不那么逼迫自己努力会让你若有所失，所以你必须相信，一些新的东西——也许是更真实的东西，将会随之涌现。但这需要时间。只要不断问自己这些问题，就能让自己尽可能地承受这种转变。"

当事情超出你的控制时

即使你知晓所有的步骤，对自己报以同理心也是一件很困难的事情。最近，我就有过一次强烈的经历，对身体缺乏控制的状况对我的身心健康产生了深远的影响，但我发现，倾听身体中立的教诲是支持自己渡过难关的最佳方法之一。

我一直都知道自己想要为人父母，这对我来说从来都是不假思索的人生选择。我同样毫不怀疑，一旦我确定时机成熟，怀孕会很容易。那时我甚至敢用100万美元打赌，怀孕对我简直易如反掌。然而，尝试怀孕的第一个月后，我的月经如期而至，我最初的反应是困惑。当时我甚至已经备好了止呕维生素和验孕棒。两年来，我经历了宫腔内人工授精周期、一次胎儿无法存活的怀孕、流产、试管婴儿周期的准备工作、取卵和无数次阴性结果，可以肯定地说，我原先的直觉是错误的。我错得不能再错了，我觉得自己完全被直觉给耍了。

当你感到你的身体让你失望时，要保持中立是很难的。即使穷尽世界上所有的意愿，所有的药物和医生，你都不能强迫你的身体怀孕、不患癌症，或是不受疼痛的影响。梅根·麦克纳米经常在她的客户身上看到类似的失望累加的恶性循环。"对于那些经历过不孕不育的人，或者那些曾面对过重大健康问题的人来说，很容易在很多方面开始对自己的身体失去信任和信心，"梅根说，"他们可能会对自己的身体感到愤怒，进而想要控制它——

这往往是一种冲动，试图让我们的身体做我们想要它做的事情。我和很多有慢性健康问题的人共事，我自己也有过慢性健康问题，这种态度的演变饶有趣味，就好像对自己的身体说：'好吧，你又这样了，你又让我失望了，我对你没有任何信心或信任可言了。'"

当你对自己的身体感到失望时，要允许自己经历悲伤过程，普伽解释了这一点的重要性："你需要让自己感到悲伤——为身体未能给予你的东西，或者身体再不能给予你的东西，以及你所失去的东西而感到悲伤。承认这一点非常重要，你必须允许自己感到悲伤。对许多人来说，面对悲伤并接受丧失的事实可能会让人感到害怕，尤其是在不孕和流产方面。'别担心，你会再次怀孕的'或者'这不是命中注定的'之类的来自他人的劝慰往往适得其反。但是，让自己悲伤，并找到其他能够和你一起分担悲伤的人，这是你接受悲伤的第一步。我治疗过许多患有慢性病或不孕症的妇女，或者养育特殊需要儿童的妇女。在所有案例中，除非她们为自己所失去的一切经历一段真正的哀悼期，否则就不可能实现中立。你永远不能略过悲伤这一步。"

我迈入35岁的那个月，也是我们屡次尝试怀孕却不得的第六个月，这让我痛不欲生。尽管六个月的时间并不长，但对我的打击很大。再次来月经的那天早上，我走到屋外，发现车道上有一只死鸟。事实上，在我们的备孕之旅中，我在月经来潮的日子里遇到过三次死鸟。有些人可能会说这是不祥之兆，但死鸟往往象征着新的开始和重生。但在这一天，我再也抑制不住自己的情绪。我为院子里的小鸟哭泣，为我的子宫哭泣，为我未出生的宝宝哭泣。我哭得很伤心，就像我得知父亲去世时一样。泪水不受控制地涌出我的眼眶，如今回想起来，我觉得我的泪水也许也是为未来一年半的时间而流下的：为未来我将经历的伤害，为等待我的孩子所耗费的时间，也为在等待的过程中我将失去的孩子。那段时间让我感觉如此刺痛和脆弱，但它必不可少。这种悲痛会给我力量，让我坚持下去，并最终走出阴霾。

屈服之路

我记得在我们无法受孕的过程中，每个人都告诉我们，我们必须接受事实并就此屈服。我想，好吧，我现在要屈服了。我站在门廊上，仰望天空，喊道："我投降！现在把我的孩子给我。"但是屈服并不是凭空冒出的一句话，它通常是我们经历被迫接受的局面时所要面对的事实。我屈服的那一刻是在我流产之后。当时我终于怀孕了，我感到非常自豪，但当我们发现胎儿无法存活时，我才真的意识到我无法控制自己的身体。就在那时，我放手了：不是因为我想放手，而是因为别无选择。我的身体不由我做主，而是由某种冥冥之中的存在所掌控。

屈服和放弃之间只有一线之隔。在许多方面，它们给人的感觉很相似，但也有一些关键的区别。当我选择屈服时，我明白了一个道理：是否怀孕并不在我的掌控之中，也不是我的选择。也许胎儿会再次降临，但它们不会留下来。也许我们需要等待的时间比我们想象的还要长。但我仍在尽我所能怀孕：我去看医生，开始体外人工授精，服用补剂，继续跟踪我的生理周期。我没有停止尝试，但我确实降低了我的期望。我努力尝试，同时也不再试图控制：这是一种需要很长时间才能达到的行为平衡。有一次我崩溃了，而这也令我成功放手，并接受了自己缺乏控制的事实。

我们最终怀孕的方式是我在这场生育之旅中最不愿

提及的故事。在体外人工授精的过程中，出现了一些小问题，这意味着我们不得不暂停两个月。我很生气我们的计划被耽搁了，但在休整期间（你猜怎么的），我们竟然在没有任何医疗干预的情况下成功怀孕了。发生在我们身上的事情印证了这样的说法："当你停止尝试的那一刻，事情反而自然发生了。"或者"你所需要做的就是放松，不要再担心。"每次我讲这个故事，都会有人兴高采烈地说："事情总是这样的！"

但我想说清楚：不，事情并非总是如此。

我不希望任何正在为怀孕而苦苦挣扎的人，或者觉得身体背叛了自己的人，因为别人告诉他们"要放松"而感到更加沮丧。我也不相信，当我们放弃控制时，我们所希望的一切就会突然发生。像我这样的故事之所以让人记忆犹新，是因为它比"第三次胚胎移植终于成功了"更富有戏剧性。我没有停止尝试，也没有停止担忧。我还是每天早上用排卵棒验尿，每天开车两个小时去看我在外地工作的配偶，我控制着房事的时间和地点，并向任何愿意倾听的万物祈祷。我并不像小鸟一样无拘无束、随心所欲。我们怀孕了，因为该是我们怀孕的时候了。就这么简单。

确认你的担忧

接受我对自己身体缺乏控制的事实,帮助我缓解了伴随怀孕而来的焦虑。失去孩子后再怀孕会带来一系列的挑战,一旦你曾失去过孩子,对这种丧失的恐惧就会变得更加具体。我正在努力把我在不孕过程中学到的一些东西运用到这次怀孕中。如果我们能放弃对生活中某些事件如何展开的具体期待,那么当这些事没有按计划进行时,我们会更容易接受事实。但是,把"事态进展可能不会如你所料"这种情况放到台面上加以考虑,本身也会让人感到害怕。

我曾经认为,对可能遭遇的坏后果持开放态度没什么,因为这意味着我在给这些想法注入能量,好为这些坏结果做好准备。但我也认识到,对我们很多人来说,对这种结果完全不担心是不现实的,有时有所担心也能帮助你为所有结果做好准备。通过确认你的担忧,你可能会发现自己会更平静地对待它。

我发现怀孕头三个月时的焦虑非常难熬。我开心不起来,因为我担心任何庆祝活动都会让我一旦遭遇流产时更加难过。然后我感到很生气,因为我等了这么久才怀孕，而这种焦虑毁了我的怀孕经历。事实上，如果我再次流产的话，那将是毁灭性的。对此我也不会去掩饰。但我相信自己最终会挺过去的，就像我上次经历流产时一样。这是对我帮助最大的一点：我知道如果发生了什么不好的事情，我能够处理好，并计划好下一步。我把自己的控制欲转化为处理后果的能力，而不是继续执着于怀孕本身，因为后者不是我能控制的。我喜欢帕姆·英格兰（Pam England）和罗布·霍洛威茨（Rob Horowitz）在《从内心开始孕育》(*Birthing From Within*)这本书中的观点：担忧有时也有积极效应。他们描述了担忧是如何有效地帮助人们将不知所措的恐惧心理转变为可诉诸各种应对措施的灵活心态的。

利用这些经验教训来驾驭我的生育之旅，这种做法对我生活的其他领域也产生了广泛的影响。部分原因可能是我迈入了人生的一个新阶段，在这个阶段里，我无法像以前那样控制一切。比方说在工作方面，我不得不接受这样一个事实：当我怀上孩子的时候，我不可能再查看每一封电子邮件或 Instagram 上的帖子了。虽然我可能仍然想要控制自己去做，但我也意识到我身边还有其他人，我必须信任他们，把相应权限委托给他们很重要。

授权也会让人感觉像是一种屈服。如果我需要放弃对一个项目的控制,我会感觉更好,因为得到授权的人同样也会完成得很好。对我来说,授权是一种将释放控制权的意图合理化的方式。

了解你的影响所及

在我们踏上生育之旅之前,我曾经觉得自己对世界上所有的问题都负有责任,并且感到长时间的不快和绝望——这个世界已经一团糟,简直无可救药了。我并不是说我们不能影响变革,因为人们可以,而且确实正在通过很多方式让世界变得更美好。但我承担了太多的责任,试图控制那些完全超出我控制范围的事情,这种个人责任感以一种不健康的方式拖累了我。

今天,我试着以一种对自己和他人都有益的方式,而不是伤害自己的方式,来尊重自己掌控生活的欲望。如果我们想要对自己抱有更多的同理心和更现实的期望,就需要修改以下说法:我们有能力改变自身存在的每一个细枝末节。我们也需要努力摆脱这样的迷思:只要我们有足够的意志力或积极的想法,世界就会屈服于我们的意志。本章分享的许多经验教训意味着我不得不重新制定自己原先坚持的标准。现在,我承认有些事情是我无法克服或战胜的。承认这一点并不是承认失败,同样,放弃对不可控因素的掌控意图也不是软弱的表现。对我们自身存在的各个方面采取中立的态度,既是一种自我同情的行为,也是一种无比强大且有力的行为。

结 语

我们真的能达到那个境界吗

在刚开始着手写这本书的时候,我对自己实现身体中立还胸有成竹。虽然其间也经历过起伏和波动,但我相信我的中立观念是不可动摇的。我对自己能"成功"接近旅程终点还是抱有相当程度的信心。但当我进入写作的琐碎阶段时,我感到自己的中立心态崩溃了。在不孕、流产、注射激素、情绪困扰和再次怀孕的整个过程中(所有这些都发生在本书写作过程中),我的身体经历了前所未有的变化。有一天,我和编辑坐在一起,泫然欲泣地向她诉说这是我自多年前从饮食失调中痊愈以来,感觉身体最不中立的一次。没错,倡导"身体中立"的作者在写这本关于"身体中立"的书时,却感觉自己的身体最不"中立"。

对于中立,每个人一直都是学习者,因为人类并不是为了僵化、停滞而存在的,我们的思想和情感是不断流变的。我们不能把某件事一笔勾掉,就认为它永远不会再出现。迎面而来的挑战是我们活着并存在于这个世界上的标志,而成长便发生在我们如何应对挑战的过程中。与我和饮食失调抗斗时所不同的是,现在的我不再手无寸铁,我手中有了一个框架和一个工具箱,里面装满了可供借鉴的建议。我在书中概述的三个步骤(承认、探索、重建联系)在很多方面都为我提供了支持。那段时间,我会在早上淋浴时逐一回顾这三个步骤,用它们帮助我走出低谷。效果是否立竿见影呢?并不。我是否也有过沮丧的时刻,因为我试图"修复"自己时并未奏效?是的。但我并没有让以往困扰我的自我伤害行为死灰复燃。

在写作本书的过程中,我经历了一次生存危机(是的,有时就是这种感觉),然后情况开始有所转变。我一直在为找回中立心态而努力求索,这目标渐渐地离我越来越近,也愈发清晰可辨。这样坚持了几个星期后,我终于开始看到了曙光,重新找回了从未真正离开过我的中立心态。在某件事情上陷入挣扎并不意味着我们本身有问题，也不意味着我们就此失败了：它有助于我们向前迈进，到达下一个目的地。

这次经历是一个很好的例子，让我明白身体中立并不是某个终点：它是一种实践，实施起来有时容易有时难。事后回想起来，当我落笔写完最后这部分时，这整个过程让我对那些初次了解身体中立的人产生了巨大的共鸣。它提醒我，这段旅程有多么艰难坎坷，治愈的道路从来都不是康庄坦途。它还提醒我，即使你觉得自己永远走不出这种恶性循环，或看不到前方的希望，那些你所践行和学到的东西仍然会支持你踽踽前行。

写这本书也让我明白了世间一切的变化之道。当你陷入困境的时候，很容易相信事情会永远如此。而我要提醒你的是，事实并非如此。世事总是不断变迁，有时向好，有时向坏，但有一点你可以相信，那就是事情不会永远如此。这种认识可能会让人感到不确定，但我也从中获得了很大的宽慰。世事会变，我也会随之而变。中立帮助我放下执念，对所有选择和结果保持开放心态。我希望在你前进的过程中，你也能分辨出这个社会为你框定的界限，并知道你有能力越过这条界限。无论你被灌输任何关于身体、身份或抱负的教条，你都可以决定自己能从中保留哪些，又摒弃哪些。

在这个漫长的探索过程中，我发现自己倾向于在极端中寻找慰藉。当我能把事情搞得非黑即白时，我才最感安心，而且我真的很容易执拗于僵化的思维方式。这就是为什么我曾深受节食文化的荼毒，这也是为什么我会陷入有毒自爱而无法自拔。中庸态度、彩虹般的多元性，以及中立性对我来说是一个巨大的挑战，因为我从小就认为正确的方法是唯一的，其他则一概都是错误的。

我仍然会对某件事情充满热情，相信它绝对正确。在任何问题或生活方式上，自觉站在"正确"的一边都会让人感到欣慰。极端所在的那个点之所以吸引人，是因为它让我们觉得自己有一个目标，而这种认可感是很难摆脱的。

如今，虽然我仍然会被极端的思维、趋势和信念所吸引，而且可能永远如此，但所幸我现在能够调用大脑的一种功能：在陷入某种极端之前发出危险信号并审视情况究竟如何。每当我听到"这是唯一的方法"或"你必须这样做才能得到x、y或z"之类的说法，尤其是这样的言论涉及健康和身体时，我都会感到猛然一惊并意识到这一点。这可能是一个点击率很高的标题——"这种饮料将彻底改变你早上的感觉"（当然，柠檬水并不能解决你所有的问题），也可能是一种承诺带来奇迹的超级食物，甚至可能是一本宣称通往幸福之路的书。不管它是什么，我都会提高警惕。人们想要得到简单的答案，这是天性使然，但除了保证充足的睡眠和保持水分，并没有什么东西能让每个人的身体都感觉更好。这并不是说我可能不喜欢那本书、那种超级食物或那杯柠檬水。也许这些东西可以为我锦上添花，并以一种新的方式为我带来支持，但也许它们并不会。我可以中立地接收信息，保持好奇心，尝试一下，但同时我也深知，没有什么魔法棒可以一劳永逸地解决生活中的一切难题。

对于阅读本书的读者，我希望你在读罢掩卷时能保持更大的好奇心。好奇心使我们能够感受到个人经历的所有不同侧面，这既令人兴奋，又能深深滋养我们。中立态度的美妙之处在于，它带来一种解脱感。我们正在努力摆脱其他人在我们周围划出的条条框框。我很想说出来，我一点儿也不在乎别人怎么看我，但我内心的那个讨好型人格可能会始终为此而挣扎。然而，我已经不像以前那么在意了，因为我给了自己更多的转圜余地和探索空间，这也给我带来了更多元的生活、思考和存在的方式。对事物充满好奇心，并尝试一点点跨越界限，这永远都不会太迟。

我还希望你在读完这本书后，能提高对自己的认识，知道什么时候你对自己不那么友善，什么时候自己在用有毒自爱来掩盖自己的真实感受，又有什么时候别人会在你的身体中立实践中"作梗"。

我很喜欢生活中遇见的人们与我分享他们的小小"顿悟"时刻，比如意识到健身课上的教练只在空谈燃烧卡路里，而不提运动的其他好处时。或者，当他们把多余的几磅体重看作需要培养而非需要折磨的东西时。又或者，当他们对医生的体重检测不以为然，甚至取消关注那个让他们对自己感觉糟糕的账号时。细微之处最能见真章。珍惜这些时刻吧！

阅读这本书，意味着你已经迈出了身体中立的第一步。这趟旅程有时可能很艰难，很有挑战性，你可能不同意书中的每一个文字，但我希望当你翻开这最后一页时，你要知道你值得拥有这一切。无论你是谁，无论你的外表如何，你都值得被接纳，值得被爱，值得品尝美食、呼朋唤友、纵享乐事,更值得被尊重。你比你的身体更重要,我也比我的身体更重要。愿我们在这个人世间穿行之时能秉持这种信念,多一点中立,更多一点爱。

附 录

身体中立工具箱

身体中立是一个持续的旅程,是一项需要持之以恒的练习。它不是弹指一挥间或灵丹妙药般容易实现的奇迹。这是一项工作——回报颇丰,但仍然是需要付出的工作。我希望本书能用较多篇幅来描绘细致入微的访谈对话和丰富多样的实践,因此在主要章节深入探讨了身体中立的各个不同领域。不过,我也希望书中能留出部分篇幅,让你可以轻松获取一系列实用、具体的小贴士,为你的身体中立之旅提供支持。我向所有接受采访的人请教了他们的最佳建议,以下便是他们的建议集锦。收藏你喜欢的建议,希望这些建议在你遇到困难的时候能派上用场。

作者贝瑟尼的建议：

1. **忽视尺码标签**。当你选购衣服时，忽略上面的尺码标签，而去关注这件衣服是否适合你的身体，你穿上感觉如何。它要让你的腹部有足够的空间扩展，胸部有足够的空间自在呼吸，考虑衣服的功能性可以帮助你感觉舒适和自信。

2. **停止给食品贴上好坏标签**。食物只是食物，无道德好坏之分。将好坏标签从食物上摘下有助于我们更中立地对待消费的物品，从而引导我们建立营养、全面、无负担的膳食。

3. **扔掉体重秤**。我在前文提过体重秤的话题，这里想要再强调一遍。如果体重秤并没给你带来益处，不妨放弃它！除非经由医生或其他健康人士指导，否则你没必要知道自己的体重。它不过是测试你体重的工具，并不能衡量你的价值、幸福和健康。

4. **善待自己**。我知道这一点说起来容易做起来难，但它仍是个非常重要的提示。有些日子我们可能过得很顺利，有些日子则不可避免地让我们感到不顺利。你的所有感受都是合理的，都应该有其存在的空间，不是每一种感受都需要付诸行动。也就是说，让这些感受来去自由，不要太看重它们。身体中立就是为好的想法和坏的想法留出空间，同时记住这只是想法而已。你比你的身体更重要！

＊＊＊＊＊＊

亚历克莎的建议：

1. **知识就是力量**。了解减肥产业，尤其是了解女性为何会有如此负面的身体形象，是非常重要和有效的。

2. **问问自己为什么**。批判性地看待"我们需要变瘦"这种普遍的观念。如果你不能从根本上找到你觉得你的身体需要与现在看起来不同的原因，这本身可能就已经告诉了你答案。

3. **设定界限**。你不能把自己学到的东西强加给别人，但你可以设定界限，优先考虑自己的心理健康。可以发一条彬彬有礼的信息，说明一下你正在适应自己的身体，现在谈论体重或饮食话题对你没有帮助。你完全有权利要求别人避免在你身边谈论这些话题。

亚历克莎·莱特（选择人称代词为"她"）是一位来自伦敦的身体自信、自我接纳和生活方式影响者。在经历了各种饮食失调的挣扎后，亚历克莎把她的线上平台从一个美容和时尚博客转型成了她个人奋斗历程的缩影。在整个社交媒体的转变之旅中，亚历克莎对饮食失调背后的现实状况，以及体重污名和节食文化有了广泛的了解。在经历了漫长而艰辛的康复过程后，亚历克莎正致力于为任何受到饮食失调或不良身体形象困扰的人提供一个安全的空间。她的畅销书《你不是"使用前"的对比照片》是一份坚定的、富有启发并赋予我们力量的指南，告诉我们如何抛弃节食文化，学会与身体和平相处。

* * * * * *

艾丽的建议：

1. **让你的选择多样化。** 如果你认为社交媒体是一个支持你的空间，那就关注不同身份和体形的人。如果你觉得社交媒体真的让你很难熬，也可以删除这些应用或暂时不去看。

2. **将叙述改写成中立的**。如果你发现自己有"我的肚子太大了"这样的想法，请试着以中立的方式重构这种想法。举个例子："我的肚子就是这样。这就是此刻的我，我无法改变。这没关系。"我发现大声说出来真的很重要。
3. **试试镜子练习**。这是我们在项目中使用的方法。裸体照镜子，穿紧身衣让你感到更舒服的话也可以。然后列出15个对自己的积极或中立评价。让自己直面自己的身体，习惯它的样子和一举一动。

艾丽·杜瓦尔（选择人称代词为"她"）是一名肥胖人士、活动家，也是 Equip Health 的项目经理——一个为人们在家提供饮食失调治疗的项目。她在 Substack[①] 平台上的栏目"Fatposially"反对节食文化和肥胖偏见，同时鼓励胖人快乐。艾丽从小就患有严重的饮食失调，多年来一直没有得到诊断。医疗人员没有注意到这些症状，却

---

① 一家总部位于旧金山的创业公司，其开发了一个自媒体式的内容发布与传播平台，旨在让创作者直接触达读者受众，业务模式为按月付费订阅。——编者注

只专注于缩减她的体型。接受饮食失调的治疗后,她发现自己有心致力于肥胖行动主义,倡导各种体形的健康,通过康复项目支持他人,并力争使肥胖人群不再被排除在主流社会之外。

* * * * * *

蔡斯的建议:

1. **依靠那些你知道他们关心和在乎你的人**。并不是每个人都有幸出生于对体重、体态、体形和外表有积极看法的家庭。但有时你的生活中确实会有一些人发自内心地关心你,呵护着你的健康。他们可能是你的祖母、阿姨、兄弟姐妹或最好的朋友。积极地找些时间和这些人在一起,让他们的善意来抵消来自外界的批评。

2. **放弃完美**。当你与他人谈论体重、体态、体形或外表时,有时谈话很难进行下去。很多人会把自己与这些话题隔离开来,因为担心自己没什么"完美"的部位可说的。请记住,我们不可能始终尽善尽美,所以请给自己和他人多一点宽容。

蔡斯·班尼斯特（选择人称代词为"他"）是饮食失调研究、政策与行动联盟的董事会主席，一名持证临床社会工作者，也是班尼斯特咨询公司的首席执行官。他是心理健康领域的杰出人物，因其投身于饮食失调治疗领域的倡导工作而得到广泛认可。

* * * * * *

赛勒斯的建议：

1. **请记住，想法只是想法而已。**一个念头到底能做什么？我会退一步想，这想法是什么？我现在行动上正在这么做吗？不，这只是我的自言自语，我尽量不给这种想法以力量。这对我帮助很大。

2. **和你的焦虑谈谈。**有一位化妆师叫凯蒂（Katy）。有一次我和她一起去旅行，我们谈到了焦虑。凯蒂告诉我，当你对你的外表或其他任何事情感到焦虑时，与它对话试试。把焦虑当作一个人来面对，它让你感觉糟糕，那就向它发起挑战。当你直面焦虑时，它就不再放肆。这种策略改变了我的生活。

3. **自嘲**。有时我会嘲笑自己,保持诙谐真的能让我的身心重新平衡。它帮助我回归中立。

赛勒斯·维西(选择人称代词为"Ta/Ta 们 / 他")是一位创意策略师、DEI①顾问和数字创作者。Ta 们是一位经验丰富的内容创作者,在美容和健康领域建立了跨领域的数字空间,《波士顿环球报》(*The Boston Globe*)、《诱惑力》(*Allure*)、《佐伊报》(*The Zoe Report*)、《知情者》(*In the Know*)、《时尚》(*Cosmo*)等杂志都对 Ta 们进行了报道。赛勒斯热衷于关注社会跨界问题、多样性和公平设计、社会影响、创新的故事讲述和适合所有体形的高级时尚。赛勒斯一直致力于挑战性别二元主义,并致力于打破酷儿在专业领域的天花板,强调包容性的职场文化。

* * * * * *

乔安娜的建议:

1. **无知印章**。我最喜欢的工具之一叫作无知印章。

---

① DEI 是 Diversity(多元)、Equity(公平)、Inclusion(共融)的缩写,同时也是帮助企业检视这三个概念的框架,旨在让不同背景的员工都能在职场上受到接纳与支持。——编者注

想象一下，你有一个橡皮图章，上面刻着"无知"。当有人说一些有害或伤人的话时，就想象你可以在他们的额头上盖这个章。然后，当他们继续口吐恶言时，你所看到的只有"无知"这两个字。人们往往不是故意刻薄，他们只是无知。实际上，我还特意制作了一些"无知"橡皮图章，随身带在包里！

2. **生活在色彩之中**。拿一包蜡笔，选择一种颜色来代表你的感受。当我开始这样做的时候，唯一让我觉得安全的颜色是黑色和白色，因为二元色彩让人有舒适感。然后，我逐渐开始使用8支装的蜡笔包，随着时间的推移，我使用了64支装的。当我感觉不舒服或不自信的时候，我会选择淡褐色或木炭色。这个练习提醒了我，我本该生活在一个姹紫嫣红的世界里，我有机会生活在蕴含所有这些颜色的世界中。

3. **看看你已经走了多远**。如果你觉得自己在退步，回想一下你从何而来，现在身在何处。这是对你自己和你的康复过程的一种证明，能够给自己留出一些空间，并向它靠拢。

乔安娜·坎德尔（选择人称代词为"她"）是美国饮食失调联盟的创始人兼首席执行官、演讲者、《超越饮食失调的生活》(*Life Beyond Your Eating Disorder*)一书的作者。作为一名精神健康和饮食失调立法的热情倡导者，乔安娜花了很多时间与众多美国国会议员会面，并参加了在白宫举行的首届有关饮食失调的圆桌会议。乔安娜是美国卫生与公众服务部（HHS）、跨部门严重精神疾病协调委员会（ISMICC）的成员，也是饮食失调联盟（Eating Disorders Coalition）董事会的成员，还是饮食失调领导峰会（Eating Disorders Leadership Summit）的成员。她因持续的外联和倡导工作而屡获殊荣。

* * * * * *

洛蒂的建议：

1. **幽默**。我认为，笑声和机智永远是让人重新找回自我的最佳方式。
2. **社交媒体**。这可能是一个有争议的观点！但对我来说，使用社交媒体是发挥创造力、保持联系和寻求参与社群的重要手段。

3. **写作**。通过写作表达想法是一种很好的方式，可以让你获得力量，给你的经历赋予意义。
4. **个人风格**。对我来说，打扮和玩转时尚就是自由和自我表达。

洛蒂·杰克逊（选择人称代词为"她"）是一位作家、编辑和残疾人活动家。她被《星期日泰晤士报时尚版》（*Sunday Times Style*）评选为"2020年度女性"，被誉为"重要的新兴声音"，她的作品对困扰残疾人士的迷思进行了重要的剖析。她曾为英国《服饰与美容》（*Vogue*）、《世界时装之苑》（*Elle*）、《卫报》（*Guardian*）、《星期日泰晤士报》和《每日电讯报》（*Telegraph*）撰稿，以其新颖的视角探讨当今最紧迫的话题，这些话题直击身份认同、社会进步和多样性的核心。2020年，她被企鹅兰登书屋（Penguin Random House）的获奖项目WriteNow选中。她的写作以细腻和诙谐的笔触重新定义了残障人士的含义，激励我们看到他们全新的生存方式。她的处女作《看我如何翻身》于2023年由哈钦森·海尼曼出版社（Hutchinson Heinemann）出版。

* * * * * *

梅根的建议：

1. **与他人一起进餐**。有人说，和孩子一起吃饭是家长可以做的最有影响力的事情之一。即使你没有孩子，与他人一起用餐也有很多神奇之处。它提醒我们食物有比营养更丰富的意义：联系、文化、回忆、满足以及与他人分享生命中最简单、纯粹的快乐。

2. **在孩子面前保持措辞中立**。如果你不能在孩子面前对着镜子说自己身体的好话，那就什么也别说。或者至少当你在孩子面前谈论你自己时，保持你的措辞中立。你不必成为身体中立的典范，但尽量不要在年轻一代面前消极地评价自己。

梅根·麦克纳米（选择人称代词为"她"）是一名注册营养师，专攻食物敏感、母婴营养和饮食失调。她是"喂养幼童"平台的共同所有人，该平台旨在帮助家庭培养敢于尝试的直觉进食习惯。梅根拥有公共健康营养学硕士学位和直觉饮食顾问的资格认证。

* * * * * *

尼娜的建议:

1. **腾出时间做那些能让你感觉专注于身体的事情。** 了解哪些事情能让你感到平静、专注或与身体产生联系。对我来说,这就是瑜伽、拳击或游泳之类的运动。对其他人来说,可能是冥想、旅行、读书。弄清楚这些事情是什么,然后挤出时间去享受。

2. **找到志同道合的人。** 找到和你喜欢同类活动的家人或朋友,这能把单调、无聊的活动变成共度时光的乐事。

3. **选择运动时不要去比较。** 别人都去骑车或练瑜伽并不代表你也需要这些运动。找到能让你感觉真正自在的运动,这并不一定要有勇气,也不一定要跳出自己的舒适区。找到自己真正感觉最合适的活动,会让你感觉更好。

尼娜·科索夫(选择人称代词为"Ta/Ta们/她")是一名品牌策略师。她热衷于关注同性恋者、变性者和非二元性别者社群。Ta 们的职业生涯横跨音乐产业、广告业、健康和保健初创公司，始终将边缘化的声音和福祉作为工作的核心。尼娜在麦肯广告（McCann）领导了一项积极、主动的战略，促成了万事达卡的"真名"产品——允许变性者和非二元性别群体在信用卡上使用自己选择的名字。在 FOLX Health 远程医疗公司，Ta 们开发并推出了"HRT 关爱基金"，为变性者、非二元性别群体、黑人、土著和有色人种提供免费的激素替代疗法。尼娜还是变性者和非二元性别群体健康信息资源 ThemsHealth 的组织创建者，也是第三波动基金（Third Wave Fund）的顾问委员会成员，该基金是一个性别公正基金，为青年主导的跨领域性别公正活动提供资源和支持。

※ ※ ※ ※ ※ ※

普伽的建议：

1. **从外部视角转向内部视角**。假设你决定去上瑜伽课，因为有人告诉你，瑜伽会对你的身心有所帮助。你是会咬紧牙关感觉难熬不已，因为你不能和其他人一样做头倒立体式，还是会全身心地投入，并在课后感到身心得到滋养？同样的活动会有完全不同的体验，这取决于你的意图是外在的还是内在的。不要害怕放弃那些不能滋养你内心的活动。

2. **学会认识自己的愤怒**。我的很多患者都没有意识到他们对这个世界以及后者对待他们的方式感到愤怒。承认你在愤怒，而且感到愤怒并无不可。然后找到一个可以包容你愤怒的人——无论是治疗师、值得信赖的朋友还是一个社群团体。在那里，你可以与不惧愤怒的人一起表达愤怒之情，并以非破坏性的形式释放部分怒气。释放一些怒气会帮助你减少被愤怒控制的程度。

3. **反应前先反思**。很多心理健康和幸福感都来自心智化，这意味着你能够反思，而不是简单地做出反应。你不必对你所有的感受都采取行动——你可以感觉到它们，克服它们，然后放手随它们去。我们知道，拥有这种能力的人会有更健康的心理状态。这一框架适用于生活中的许多决定。

普伽·拉克斯敏博士（选择人称代词为"她"），是一名注册精神科医生，《纽约时报》(The New York Times)撰稿人，《真正的自我保健》作者，她也是精神卫生和性别这两个跨领域的领军人物，专注于帮助妇女和边缘化群体摆脱过于固化的自我保健原则。2020年，拉克斯敏创立了Gemma，这是一个以影响和公平为中心的医生领导的女性心理健康教育平台。她在私人诊所一直积极治疗那些与职业倦怠、完美主义、幻灭感以及抑郁和焦虑等临床症状做斗争的女性。她个人也曾跳进极端健康的"兔子洞"，她的著作《真正的自我保健》是她对果汁排毒、感恩清单和泡泡浴相关争议的回应——不仅是真正地照顾自己，而且要反过来改变我们残缺的文化。

* * * * * *

斯蒂芬妮的建议：

1. **在家里裸体行走**。选择每周的一个白天或一个晚上。当我们照镜子时，尤其是赤身裸体照镜子时，很多人都会立刻摆出各种姿势，把肚子往里收、扭动臀部或把一条腿放在另一条腿前面，以摆出芭比娃娃式的造型。试着赤身裸体，但慵懒、放松一些。我发现这是一个很好的方法，可以让你看到自己身体的本来面目，而不是需要修复的物品。

2. **拍一些"渴望陷阱"（thirst traps）[①]照片**。它不一定是为了伴侣——只是为了你自己。买一些能让你感觉自己性感、强壮、有力和自信的内衣或物品。然后通过给自己拍一张可爱的照片来珍藏这些时刻，记住你感觉良好的时刻，并且暗示自己那种感觉不是昙花一现。

3. **管理好你的社交媒体**。只关注那些能给你带来快乐的账号。也许你可以取消关注卡戴珊姐妹等网红或模特，或者那些只宣扬某种体形的品牌。改变一下算法，让它显示更多与你相似的人和品牌，这样你对"什么是正常"的看法就会逐渐改变。

斯蒂芬妮·耶博阿（选择人称代词为"她"）是居住在伦敦的一名博主、屡获殊荣的内容创作者、作家、主

[①] 指在社交媒体上发布的照片或信息，目的是吸引他人关注和赞美，通常具有性感或撩人的特点。——译者注

持人、自由撰稿人、公共演讲人和身体形象/自爱倡导者。她还致力于在渴望身体自爱、心理健康和自爱的群体内进行宣传，分享自己在经历恐肥症、欺凌、自尊和自信问题时所遇到的挑战和创伤，以及她得以扭转局面的方法，同时鼓励其他人也来效仿。2020 年，她出版了畅销书《永远丰腴》，并成为首位登上《魅力》(*Glamour*) 杂志封面的英国大码黑人女性。

致 谢

几年前,我参加了一个大型集体活动,现场有一位灵媒正在为大家占卜。突然之间,她开始跟我说话了。我手心冒汗,诚惶诚恐地等待着我将听到的信息——是来自已故家人的信息,还是改变我一生的不为人知的故事!但这位灵媒只向我传达了一个主要信息,她只是不停地说:"写下来!日记也好!把文字写在纸上!你心中孕育着一本书!"我惊讶不已,因为虽然我心中有一种强烈的冲动,告诉我这个预言会成真,但当它真正应验时我仍感到不可置信。然而,不知不觉间,我已在这里为我的第一本书写下最后的文字,只为向许多人表达谢意。

首先要感谢的是我的编辑安娜(Anna),没有她,这本书就根本不会面世。感谢你把这段我一直以为会很艰难的经历，变成了我生命中最治愈、最重要的过程之一。你真的很有天赋。

感谢凯瑟琳（Katherine），我值得信赖的执笔人，她花费了无数个小时，记录下了我的想法、恐惧、泪水和故事，帮助我将它们组织起来并通过文字细腻地呈现于纸上。谢谢你为我创造了一个空间，让我敞开心扉、无所顾忌，让我可以展示最简单的自己。

对于为这本书作出贡献的每一个发声者，我永远感激你们。这本书从来不只是我的故事。你们各自的独特性和脆弱的过往为本书增色不少，让许多人在文字中看到自己。感谢你们，感谢亚历克莎·莱特、艾丽·杜瓦尔、蔡斯·班尼斯特、赛勒斯·维西、乔安娜·坎德尔、洛蒂·杰克逊、梅根·麦克纳米、尼娜·科索夫、普伽·拉克斯敏和斯蒂芬妮·耶博阿。

感谢亚历克莎，我的商业伙伴和朋友，她知道如何不说废话地安慰我，在我失败时激励我，在我陷入萦绕不去的混乱时给我带来持续的秩序感。感谢你坚守阵地，驱策我们前进，你是最好的天蝎座。

感谢在 be.come 平台的客户。你们都是真正的明星。

你们常以为是我在教授你们，其实是你们在教授我。我迫不及待地想和你们共同进步。

感谢尼科（Nico），我一生的挚爱、孩子们的父亲和我世上最好的朋友。在撰写此书的过程中，你化解了我所有的恐惧。我为我们爱情的相互包容、我们之间纽带的力量，以及我们不断相互学习的能力而惊叹。是你让生活变得更加美好。

感谢我们的孩子奥莉芙（Olive），虽然她没能来到人间，还有基尔默·达夫（Kilmer Dove），我们几周后就要出生的孩子，你们俩已经教会了我很多。你们让我明白了悲伤的价值，还有欢庆的美好。你们赋予我挑战和支持，鼓励我继续奋斗。你们蕴含在这本书的字里行间，也在我的每一次心跳之中。

感谢基石出版社（Cornerstone Press）、帕特南（Putnam）和了不起的米歇尔·豪里（Michelle Howry），感谢你们相信这本书，给我机会，并与你们所有的读者分享书中的文字。我永远感激这个机会。

Copyright @ Bethany C Meyers, 2023
First published as I AM MORE THAN MY BODY: THE BODY NEUTRAL JOURNEY in 2023 by Cornerstone Press, an imprint of Cornerstone. Cornerstone is part of the Penguin Random House group of companies.
All rights reserved.

No part of this book may be used or reproduced in any manner for the purpose of training artificial intelligence technologies or systems. This work is reserved from text and data mining (Article 4(3) Directive (EU) 2019/790).

本书中文简体版权归属于银杏树下（上海）图书有限责任公司。
著作权合同登记图字：22-2024-099号

图书在版编目（CIP）数据

我比我的身体更重要：身体中立的探索之旅 / (加) 贝瑟尼·C. 梅耶斯 (Bethany C. Meyers) 著；风君译.
贵阳：贵州人民出版社，2025.5. -- ISBN 978-7-221-18711-6

Ⅰ．B842.6

中国国家版本馆CIP数据核字第2024MW6354号

WO BI WO DE SHENTI GENG ZHONGYAO:
SHENTIZHONGLI DE TANSUO ZHI LÜ

我比我的身体更重要：身体中立的探索之旅

［加］贝瑟尼·C. 梅耶斯（Bethany C. Meyers） 著　风君 译

出 版 人：朱文迅	选题策划：后浪出版公司
出版统筹：吴兴元	编辑统筹：王　頔
策划编辑：杨　悦	特约编辑：张冰子
责任编辑：赵帅红	装帧设计：墨白空间·陈威伸
责任印制：常会杰	

出版发行：贵州出版集团　贵州人民出版社
地　　址：贵阳市观山湖区会展东路SOHO办公区A座
印　　刷：河北中科印刷科技发展有限公司
经　　销：全国新华书店
版　　次：2025年5月第1版
印　　次：2025年5月第1次印刷
开　　本：889毫米×1092毫米　1/32
印　　张：6.75
字　　数：114千字
书　　号：ISBN 978-7-221-18711-6
定　　价：39.80元

后浪出版咨询（北京）有限责任公司　版权所有，侵权必究
投诉信箱：editor@hinabook.com　　fawu@hinabook.com
未经许可，不得以任何方式复制或者抄袭本书部分或全部内容
本书若有印装质量问题，请与本公司联系调换，电话010-64072833